Bellmann · Libellen

Heiko Bellmann

Libellen

beobachten – bestimmen

Naturbuch Verlag

Umschlagfotos: *Calopteryx virgo* (oben links), *Brachytron pratense* (rechts), *Coenagrion scitulum* ♂ (Mitte), *Gomphus simillimus* ♀ (unten)

Foto auf Seite 2: *Sympecma fusca,* ♀ im Rauhreif, Unterfahlheim BS 27. 10. 85.

Die Deutsche Bibliothek – CIP-Einheitsaufnahme

Bellmann, Heiko:
Libellen : beobachten – bestimmen / Heiko Bellmann. –
Augsburg : Naturbuch-Verl., 1993
ISBN 3-89440-107-9
NE: HST

Naturbuch Verlag

Umschlaggestaltung: Peter Engel, Grünwald
Umschlagfotos: Dr. Heiko Bellmann
Fotos und Zeichnungen: Dr. Heiko Bellmann
Gesamtherstellung: Druckerei Parzeller, Fulda
Printed in Germany
ISBN 3-89440-107-9

Vorwort

Die Libellen sind ein sehr altes, schon seit mehr als 200 Millionen Jahren herrschendes Insektengeschlecht. Die fossile *Meganeura monyi* war mit 70 cm Flügelspannweite das größte bekanntgewordene Insekt. Auch die heutigen Arten zählen mit z. T. über 10 cm Spannweite zu den größten Vertretern der Insekten. Durch ihre Größe, aber auch durch die Furchtlosigkeit mancher Libellenmännchen bei der Partnersuche erscheinen sie vielen Menschen bedrohlich, was in alten Bezeichnungen wie „Teufelsnadeln" und „Augenstecher" zum Ausdruck kommt. Libellen sind jedoch völlig harmlos; sie können nicht stechen, wissen sich aber u. U. durch kräftige Bisse zu wehren, wenn man sie ergreifen will.

Inzwischen ist aber fast überall die Harmlosigkeit und Nützlichkeit der schönen Tiere bekannt. Gefahren drohen ihnen heute nicht mehr durch direkte Verfolgung, sondern durch die stetig voranschreitende Zerstörung ihrer Lebensräume. Die meisten Arten stehen inzwischen auf der Roten Liste, einige sind bei uns schon ganz verschwunden. Wir sollten daher alle Anstrengungen unternehmen, um die noch vorkommenden Libellenarten zu erhalten. Für gezielte Schutzmaßnahmen ist aber eine genaue Kenntnis der einzelnen Arten erforderlich.

Es war teilweise recht schwierig und zeitaufwendig, dic einzelnen Arten zu finden und die z. T. recht scheuen Tiere im Gelände zu fotografieren. Ohne die Unterstützung zahlreicher Fachkollegen, die mir teils durch wertvolle Fundortangaben, teils durch die Bereitstellung eigener Fotos weiterhalfen, hätte dieses Buch nicht entstehen können. Ich möchte daher insbesondere den Herren Dr. H. Beutler, M. Breuer, H.-J. Clausnitzer, Dr. G. Devai, Prof. Dr. B. Gerken, H. Heidemann, Prof. Dr. G. Jurzitza, H. U. Kohler, A. Krebs, Prof. Mag. G. Lehmann, Dr. G. Maier, Dr. M. Niehuis, Prof. Dr. E. Schmidt, Prof. Dr. U. Tessenow und Dr. H. Wildermuth ganz herzlich für ihre bereitwillige Hilfe danken.

Lonsee, im März 1992 Dr. Heiko Bellmann

Inhalt

Allgemeiner Teil

Spezieller Teil

Einzelbeschreibungen

Allgemeiner Teil

Körperbau der Imago

Der Libellenkörper gliedert sich – wie für Insekten üblich – in die drei Abschnitte Kopf, Thorax (Brust) und Abdomen (Hinterleib). Der Kopf trägt ein Paar kurze, fadenförmige Fühler und seitlich große Komplexaugen, die sich aus einer Vielzahl von Einzelaugen, den Ommatidien, zusammensetzen. Die Zahl dieser Ommatidien kann etwa 30000 betragen. Während die Augen der Kleinlibellen (Unterordnung Zygoptera) durch einen breiten Abstand voneinander getrennt sind (S. 11 unten), treffen sie bei den Großlibellen (Unterordnung Anisoptera) fast immer oben in der Kopfmitte zusammen (S. 10). Nur die Flußjungfern (Familie Gomphidae) machen hier eine Ausnahme, indem sie trotz ihrer Zugehörigkeit zu den Großlibellen weit voneinander getrennte Augen besitzen (S. 11 rechts oben). Außer ihren großen Komplexaugen besitzen alle Libellen drei Ocellen (Punktaugen), die in der Nähe der Fühler in einem Dreieck angeordnet sind.

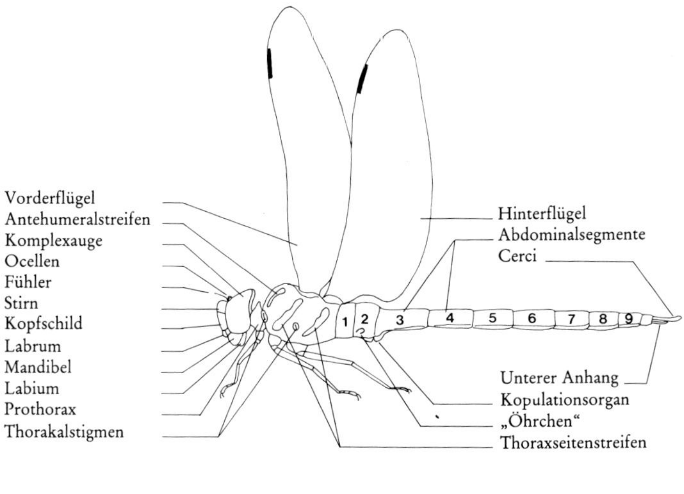

Abb. 1 Körpergliederung einer männlichen Großlibelle *(Aeshna juncea)*.

An der Unterseite des Kopfes sind die Mundwerkzeuge eingelenkt: paarige Mandibeln (Oberkiefer) und Maxillen (Unterkiefer) sowie als unpaarige Anhänge das Labrum (Oberlippe) und Labium (Unterlippe). Die Mandibeln und Maxillen sind kräftige, scharfkantige Beißwerkzeuge, die manchmal auch dem Menschen blutende Wunden zufügen können.

Der Thorax besteht aus drei Segmenten, die als Pro-, Meso- und Metathorax bezeichnet werden, die entsprechenden Rückenplatten als Pro-, Meso- und Metanotum. Der Prothorax ist nach vorn verschmälert. An seinem Vorderende ist der hinten ausgehöhlte Kopf sehr beweglich eingelenkt. Der Hinterrand des Pronotums ist bei vielen Kleinlibellen charakteristisch geformt und damit ein wichtiges Bestimmungsmerkmal. Ebenfalls wichtig für die Bestimmung, vor allem bei den Mosaikjungfern, sind die Antehumeralstreifen (helle Längsstreifen auf der Oberseite des Mesothorax) und die Thoraxseitenbinden. Diese hellen Zeichnungen sind aber nicht bei allen Arten ausgebildet.

An den Thoraxseiten münden die Atemorgane der Libelle, die Tracheen, mit jederseits zwei Stigmen. Diese liegen zwischen Pro- und Mesothorax und am Metathorax. Weitere, schwer sichtbare Stigmen befinden sich an den Abdomenseiten.

Der Thorax trägt die Bewegungsorgane, zwei Paar häutige Flügel und drei Paar Beine. Bei den Kleinlibellen sind Vorder- und Hinterflügel fast gleichgestaltet; bei den Großlibellen sind letztere an der Basis verbreitert und dadurch von den Vorderflügeln verschieden. Nahe der Spitze aller Flügel liegt das Flügelmal oder Pterostigma, ein durch Adern begrenztes, stärker chitinisiertes Feld. Es ist in vielen Fällen auffallend gefärbt. Etwa in der Mitte der Flügelvorderkante liegt außerdem der Nodus, ein leichter Knick im Flügelrand. Das Adernetz ist sehr dicht; es besteht aus einer Vielzahl von Längs- und Queradern, deren Anordnung bei der Bestimmung vielfach eine Rolle spielt. Die Bezeichnung der einzelnen Flügeladern ist der Abb. 2 zu entnehmen.

Die Flügel werden durch mächtige Muskeln bewegt, die im Innern des Meso- und Metathorax liegen. Die einzelnen Muskeln greifen direkt an den Flügeln an, so daß die Vorder- und Hinterflügel unabhängig voneinander bewegt werden können. Diese besondere Konstruktion erklärt die erstaunliche Manövrierfähigkeit fliegender Libellen. Bei anderen Insekten geschieht die Flügelbewegung dagegen durch Zusammenpressen und Entspannen des gesamten Thorax.

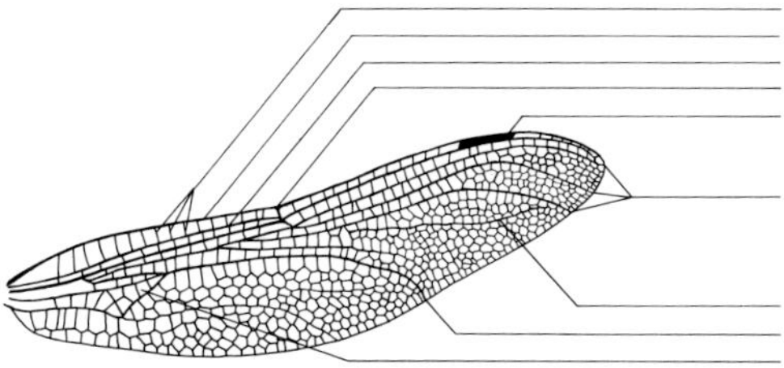

Abb. 2 Vorderflügel einer Großlibelle *(Aeshna juncea).*

Die drei Beinpaare haben ihre ursprüngliche Funktion als Laufbeine weitgehend verloren. Libellen bewegen sich fast ausschließlich fliegend; lediglich geringfügige Korrekturen der Sitzposition werden durch die Beine vorgenommen. Viel wichtiger ist die Aufgabe der Beine beim Beutefang: Sie bilden einen Fangkorb, durch den Beutetiere im Flug ergriffen werden. Die Beine sind mit Reihen abstehender Borsten besetzt, so daß die Beute wie in einer Reuse gefangen wird.
Das schlanke Abdomen enthält vor allem die Verdauungsorgane, das röhrenförmige Herz und die inneren Geschlechtsorgane. Am letzten, dem 10. Segment, finden sich paarige obere Anhänge (Appendices superiores oder Cerci) sowie beim Männchen ein oder zwei untere Anhänge (Appendices inferiores) (Abb. 3). Ein 11. Segment ist verkümmert und äußerlich kaum sichtbar. Die Weib-

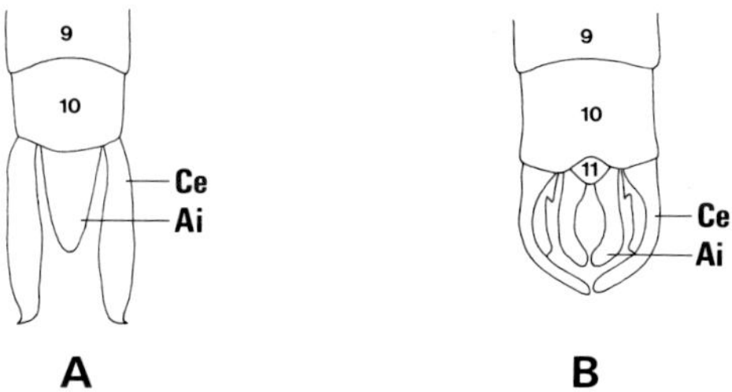

Abb. 3 Abdomenspitzen männlicher Libellen in Dorsalansicht: **A** Großlibelle *(Aeshna juncea)*, **B** Kleinlibelle *(Lestes dryas)*; **Ai** *untere Abdominalanhänge*, **Ce** *Cerci.*

chen besitzen auf der Unterseite des 8. und 9. Segments eine Legeröhre, die aber (z. B. bei vielen Segellibellen) verkümmert sein kann und dann als Valvula vulvae bezeichnet wird (Abb. 4). Bei den Männchen mündet die Genitalöffnung ebenfalls am Hinterleibsende, in der Bauchplatte des 9. Segments. Das Begattungsorgan liegt aber auf der Unterseite des 2. oder des 2. und 3. Abdominalsegments. Vor der Paarung wird dieses Begattungsorgan mit Sperma gefüllt (s. Kap. Paarung).

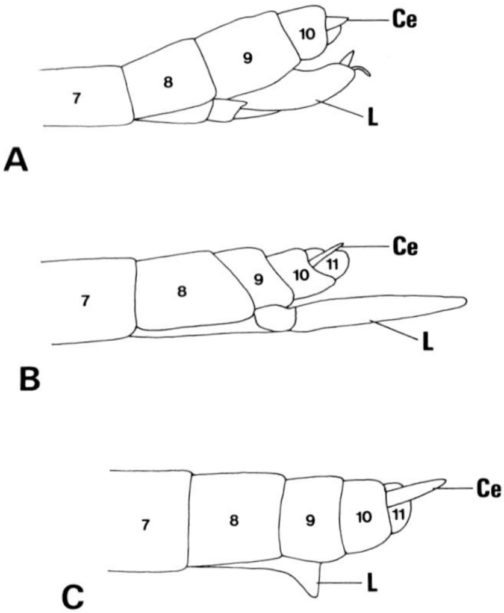

Abb. 4 Abdomenspitzen weiblicher Libellen in Lateralansicht: **A** *Lestes dryas,* **B** *Cordulegaster bidentatus,* **C** *Sympetrum vulgatum;* **Ce** Cerci, **L** Legeröhre.

Abbildungen Seiten 10–11:
Seite 10: *Crocothemis erythraea* ♂, Gavorrano To 13. 9. 79
Seite 11: *Orthetrum brunneum* ♂, Altenstadt BS 29. 7. 79
Ophiogomphus serpentinus ♂, Roth Fr 16. 7. 76
Lestes sponsa ♂, Kirchwalsede LH 8. 76
Erythromma viridulum ♂, Rußheim Bd 5. 8. 79

Körperbau der Larve

Libellen gehören zu den Insekten mit unvollständiger Verwandlung (Hemimetabola). Ihnen fehlt das für viele andere Insekten typische Puppenstadium. Im Gegensatz zu anderen hemimetabolen Insekten, etwa den Heuschrecken und Wanzen, ist aber die Larve deutlich von der Imago verschieden. Dies erkärt sich aus der sehr unterschiedlichen Lebensweise beider Stadien: die Imago ist ein flugtüchtiges Landtier, die Larve dagegen ein verborgen lebender Wasserbewohner.

Die Larven der Zygoptera und der Anisoptera unterscheiden sich deutlich voneinander. Die einen sind auffallend schlank und tragen an der Abdomenspitze drei große Kiemenblättchen (Abb. 5), die anderen dagegen sind plump gebaut, mit einer Analpyramide aus fünf spitzen Stacheln (Abb. 6, 7). Trotzdem sind viele Gemeinsamkeiten festzustellen.

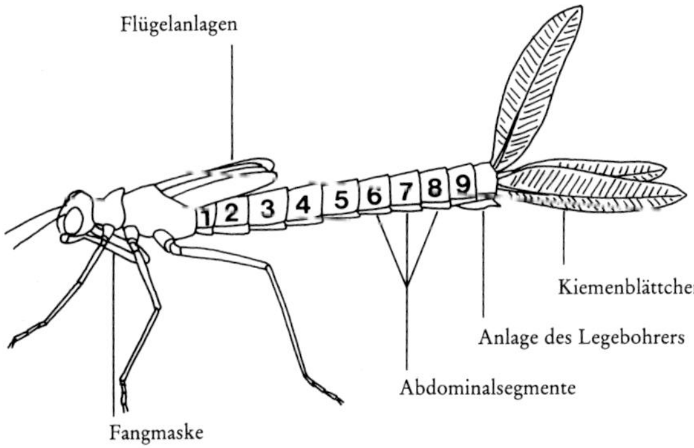

Abb. 5 Kleinlibellenlarve *(Lestes sponsa ♀).*

Die Augen sind meist deutlich kleiner als bei der Imago, vielfach knopfförmig. Bei den Mundwerkzeugen fällt das zur Fangmaske umgewandelte Labium auf (Abb. 8). Diese Fangmaske besteht aus drei verschiedenen Elementen, dem in Ruhelage nach hinten geklappten Basalglied (Submentum), dem gelenkig mit diesem verbundenen Mittellappen (Praementum) und den paarigen Fanghaken (Labialpalpen). Die Fanghaken sind bei den einzelnen Libel-

Abbildungen Seiten 14–15:
Lestes sponsa, Spermaübertragung, Ingstetten BS 20. 9. 86
Onychogomphus uncatus, Paarungsrad, Mas Thibert Ca 24. 6. 85

lenfamilien unterschiedlich geformt: Sie tragen an ihrer Spitze einen beweglichen Zahn. Die Fangmaske kann zum Ergreifen eines Beutetieres weit vorgeschleudert werden. Die gefangene Beute wird dann zu den Mandibeln und Maxillen geführt und von diesen zerkleinert.

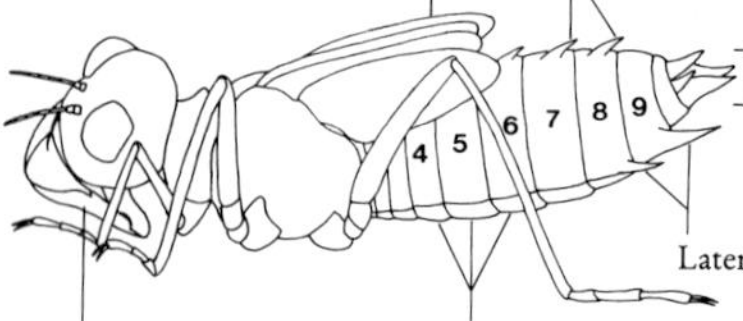

Abb. 6 Großlibellenlarve *(Sympetrum vulgatum).*

Viele Anisopterenlarven besitzen deutliche Dorne an den Abdominalsegmenten. Nach ihrer Anordnung lassen sich Dorsaldorne (oben in der Rückenmitte) und Lateraldorne (an den Körperseiten) unterscheiden. Da die Ausbildung dieser Dorne artweise sehr verschieden ist, eignen sie sich gut zur Bestimmung. Vielfach werden sie aber erst nach einer gründlichen Reinigung der Larven sichtbar, speziell bei bodenbewohnenden Arten.
Die Anapyramide der Anisopterenlarven setzt sich aus fünf spitzen Stacheln zusammen (Abb. 7). Manche Larven, etwa die der Gattungen *Anax* und *Cordulegaster*, können damit durchaus schmerzhafte Stiche austeilen. Die drei längeren Stacheln (zwei Lateralvalven oder Paroprocte und das in der Mitte liegende Epiproct) sind später bei der Imago nicht mehr nachzuweisen. Die beiden kürzeren Stacheln, die Cerci, entsprechen den oberen Anhängen der adulten Libelle. Bei männlichen Anisopterenlarven liegt oben auf dem Epiprokt ein kleines Blättchen, das Supraanalblättchen. Aus ihm entwickelt sich später der (bei Großlibellen) unpaare untere Anhang.
Die Atmung erfolgt bei den Großlibellenlarven durch den Enddarm. Dieser ist mit einer Vielzahl winziger Kiemenblättchen besetzt (bei einer *Aeshna*-Larve z. B. über 20000). Das Atemwasser wird durch Pumpbewegungen des Abdomens durch die Afteröff-

nung eingesogen und wieder ausgestoßen. Viele Anisopterenlarven können durch plötzliches Auspressen des Atemwassers nach dem Rückstoßprinzip schwimmen.
Die Kleinlibellenlarven atmen ebenfalls über den Enddarm, nur sind bei ihnen meist keine erkennbaren Darmkiemen entwickelt. Die Darmatmung wird durch die drei Kiemenblättchen am Körperende unterstützt. Daneben dienen diese Blättchen aber auch der Fortbewegung. Viele Zygopterenlarven, vor allem die *Lestes*-Arten, können damit unter schlängelnden Bewegungen des Abdomens sehr behende schwimmen. Bei der Verfolgung durch Feinde gehen vielfach einzelne Kiemenblättchen verloren, auch werden sie bei Sauerstoffmangel gelegentlich abgeworfen. Solche Larven können sich aber normal weiterentwickeln. Sofern der Verlust nicht im letzten Larvenstadium erfolgt, werden die verlorenen Kiemenblättchen bei der nächsten Häutung regeneriert, allerdings nicht in der ursprünglichen Größe.

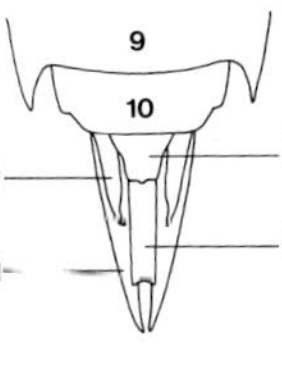

Abb. 7 Analpyramide einer männlichen Großlibellenlarve in Dorsalansicht *(Anax imperator);* **Ce** Cerci, **Ep** Epiproct, **Pa** Paraproct, **Su** Supraanalblättchen.

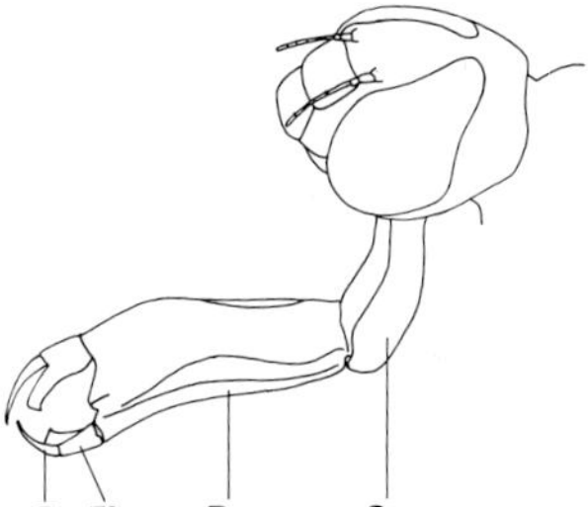

Abb. 8 Fangmaske einer Großlibellenlarve,vorgeklappt *Aeshna juncea);* **Fh** Fanghaken, **Pm** Praementum, **Sm** Submentum, **Z** beweglicher Zahn.

Abbildungen Seite 18:
Calopteryx virgo, ♀ bei der Eiablage, Unterfahlheim BS 29. 7. 86
Lestes sponsa, Eiablage unter Wasser, Neuenkirchen LH 9. 76
Lestes viridis, Eiablage in Erlenzweig, Roggenburg BS 4. 10. 80

Abbildungen Seite 19:
Sympecma fusca, Paar bei Eiablage, Hettlingen Zh 3. 5. 86
Coenagrion puella, 4 Paare bei Eiablage, Günzburg BS 9. 6. 76

Paarung

Die Paarung der Libellen stellt durch die damit verbundenen, komplizierten Verhaltensweisen einen einzigartigen Vorgang dar. Da die männliche Genitalöffnung nicht mit dem Begattungsapparat in Verbindung steht, muß dieser vor der eigentlichen Paarung mit Sperma gefüllt werden. Bevor dies geschieht, ergreift das Männchen aber zunächst ein Weibchen mit seinen Hinterleibsanhängen am Kopf (Anisoptera) oder Pronotum (Zygoptera). Die oberen und unteren Anhänge sind so geformt, daß sie genau mit entsprechenden Vorsprüngen oder Vertiefungen am Kopf bzw. Pronotum des artgleichen Weibchens zusammenpassen.

Bei den Kleinlibellen fliegt das Paar danach als „Tandem" zu einem Sitzplatz. Meist setzt sich nur das Männchen, während das Weibchen mit angezogenen Beinen in der Luft baumelt. Wenig später krümmt das Männchen sein Abdomen stark ein und bringt dadurch seine Genitalöffnung an das Begattungsorgan (S. 14). Dabei wird dieses mit Sperma gefüllt. Die Spermaübertragung kann wenige Sekunden, aber auch länger als eine Minute dauern. Anschließend wird das Abdomen wieder gestreckt. Nach einer kurzen Ruhepause krümmt das Männchen erneut seinen Hinterleib ein wenig und gibt damit dem Weibchen das Signal, seinerseits das Abdomen einzukrümmen und sich mit der Genitalöffnung am männlichen Begattungsorgan zu verankern. Jetzt erst findet mit dem „Paarungsrad" die eigentliche Begattung statt (S. 15). Das Paarungsrad bleibt, artweise verschieden, einige Minuten bis etwa eine Stunde bestehen. Danach löst das Weibchen die Verbindung, und das Paar begibt sich (meistens) gemeinsam zur Eiablage (s. folgendes Kapitel).

Bei den Großlibellen läuft die Paarung etwa nach dem gleichen Muster ab, nur wird sie hier im Flug vollzogen und später im Sitzen beendet. Daher sind Einzelheiten, wie z. B. die Spermaübertragung, schwer zu beobachten. Bei zwei heimischen Arten, dem Plattbauch (*Libellula depressa*) und dem Vierfleck (*Libellula quadrimaculata*), spielt sich sogar die gesamte Paarung im Flug ab und dauert nur wenige Sekunden. Viele Arten, vor allem Großlibellen, paaren sich mehrfach am Tage mit verschiedenen Partnern. Wie WAAGE (1979) feststellte, entfernt dabei das Männchen mit seinem Begattungsorgan jeweils das Sperma des Vorgängers aus dem weiblichen Genitaltrakt.

Eiablage

Bei der Eiablage verhalten sich die einzelnen Libellenfamilien sehr unterschiedlich. Es erscheint daher sinnvoll, diesen Vorgang familienweise zu beschreiben.

Bei den Prachtlibellen (Calopterygidae) legt das Weibchen stets allein ab. Es setzt sich hierzu auf Pflanzen, die über die Wasseroberfläche hinausragen, und versenkt mit seinem Legebohrer die Eier ins pflanzliche Gewebe (S. 18 oben). Vielfach taucht es zur Eiablage auch ins Wasser hinab. Das Männchen hält sich während dieser Zeit auf einer Sitzwarte in der Nähe auf.

Die Teichjungfern (Lestidae) setzen sich paarweise übereinander auf vertikal aus dem Wasser ragende Pflanzen („*Lestes*-Typ" der Eiablage) oder hintereinander auf schwimmende, abgestorbene Pflanzenteile („*Sympecma*-Typ" der Eiablage, S. 19 oben). Bei *Lestes sponsa* steigen beide Partner oft ins Wasser hinab (S. 18 links unten). *Lestes viridis* legt nur in Holzgewächse, die das Gewässerufer säumen (S. 18 rechts unten).

Auch die Federlibellen (Platycnemidae) und die Schlanklibellen (Coenagrionidae) legen die Eier fast immer paarweise ab. In den meisten Fällen setzen sich die Weibchen auf Wasserpflanzen oder schwimmende Pflanzenteile, während die Männchen, mit angezogenen Beinen steif aufrecht stehend, an ihrem Pronotum verankert bleiben („*Coenagrion*-Typ" der Eiablage, S. 19 unten). Einige Arten sind flexibel hinsichtlich ihrer Sitzposition, ganz besonders *Pyrrhosoma nymphula*. Bei den *Ischnura*-Arten legen die Weibchen stets allein ab. Bei einigen Schlanklibellen ist auch ein Untertauchen der Weibchen zu beobachten; die Männchen lassen in solchen Fällen ihre Partnerin meistens los oder bleiben mit ihrem Vorderkörper außerhalb des Wassers.

Abbildungen Seite 21:
Sympetrum vulgatum, Eiablage im Flug, Roggenburg BS 15. 8. 81
Sympetrum sanguineum, Eier am Gewässerufer, Studioaufnahme

Abbildungen Seite 22:
Lestes viridis, Eigelege im Erlenzweig, Roggenburg BS 6. 10. 80
Lestes viridis, Eier freigelegt, Studioaufnahme
Lestes viridis, schlüpfende Prolarve, Studioaufnahme

Die Weibchen der Edellibellen (Aeshnidae) legen, von zwei Ausnahmen abgesehen, ihre Eier stets ohne Begleitung der Männchen ab. Bei der Eiablage kommt es sehr oft zu (meist erfolgreichen) Paarungsversuchen durch paarungswillige Männchen. *Aeshna affinis* legt paarweise nach dem „*Lestes*"- oder „*Sympecma*-Typ" ab. Bei *Anax parthenope* kann die Eiablage paarweise oder durch das Weibchen allein erfolgen.
Die Quelljungfern (Cordulegasteridae) legen ihre Eier im Flug ab. Die Weibchen fliegen hierzu an flachen Stellen der Bäche und Quellrinnsale mit steif senkrecht gehaltenem Körper auf und nieder, ohne den Körper in sich zu bewegen. Dabei stoßen sie ihren langen, spitzen Legebohrer in das Bachbett.
Auch bei den Flußjungfern (Gomphidae), Falkenlibellen (Corduliidae) und Segellibellen (Libellulidae) erfolgt die Eiablage stets im Flug. In vielen Fällen lassen die Weibchen zunächst die Eier aus der Genitalöffnung hervorquellen und streifen sie dann im Flug an der Wasseroberfläche ab. Oft sind sie von einer Gallerte umgeben, die beim Kontakt mit dem Wasser aufquillt. Bei *Epitheca bimaculata* entrollt sich sogar ein ca. 20 cm langer, gallertiger Eistrang. Die meisten Arten aber werfen ihre Eier einzeln oder in kleinen Portionen durch wippende Bewegungen des Abdomens ins Wasser. Die Heidelibellen (Gattung *Sympetrum*) sind dabei als Tandem verbunden (S. 22 oben). Bei einigen anderen Segellibellen (*Libellula, Orthetrum*) kreist das Männchen in der Nähe des legenden Weibchens.
Bei beiden Unterordnungen der Libellen ist von den als primitiver geltenden Familien hin zu den höher entwickelten (Calopterygidae → Coenagrionidae bzw. Aeshnidae → Libellulidae) eine Tendenz von allein ablegenden Weibchen hin zur paarweisen Eiablage und bei den Anisopteren außerdem von sitzender zu fliegender Eiablage festzustellen. Beide Tendenzen führen zu einem immer besseren Schutz der legenden Weibchen vor möglichen Feinden. Die Begleitung durch das angekoppelte Männchen bringt aber auch einen wirksamen Schutz vor weiteren partnersuchenden Männchen mit sich und gewährleistet so eine störungsfreie Eiablage.

Weitere Angaben zur Lebensweise

Viele Libellen zeigen ein auffallendes Revierverhalten. *Calopteryx*-Männchen beispielsweise besetzen jeweils kurze Bachabschnitte und verteidigen diese gegen Artgenossen. Auch bei den meisten Großlibellen ist eine vergleichbare Revierabgrenzung zu beobachten. In manchen Fällen, z. B. bei *Onychogomphus forcipatus*, können sich die Reviergrenzen innerhalb eines Tages mehrfach verschieben (KAISER 1974b), oder aber sie gelten immer nur kurzfristig für ein Individuum, das später durch ein anderes abgelöst wird. Ein derartiger ständiger Wechsel zwischen verschiedenen Männchen ist z. B. für *Aeshna cyanea* typisch (KAISER 1974a).

Die Revierbildung findet im allgemeinen an den Entwicklungsgewässern und damit auch an den Orten der Paarung und Eiablage statt. Die Weibchen der meisten Arten erscheinen dort nur kurzfristig. Während der übrigen Zeit fliegen sie abseits der Gewässer, etwa an Waldrändern und anderen Orten mit reichem Insektenleben. Auch in der auf das Schlüpfen folgende Reifungsphase, die eine bis mehrere Wochen dauern kann, findet man die meisten Libellen in größerer Entfernung von ihren Entwicklungsgewässern. Sie gehen hier in erster Linie dem Nahrungserwerb nach. Vor allem fliegende Insekten, wie Mücken, Köcherfliegen und Kleinschmetterlinge, zählen zu ihren bevorzugten Beutetieren. Manchmal werden auch sitzende Insekten, z. B. Blattläuse, erbeutet.

Gelegentlich kommt es auch vor, daß kleinere, z .T. sogar gleichgroße andere Libellen überfallen und gefressen werden. Einen derartigen Fall zeigt das Foto S. 26. Ein Weibchen der Großen Pechlibelle (*Ischnura elegans*) hat ein *Platycnemis*-Weibchen vom Rücken aus ergriffen. Es beißt zunächst die Flügel ab und beginnt, an der Abdomenbasis zu fressen. Dabei wird das Abdomen abgetrennt, und der vordere Körperabschnitt der Federlibelle läuft ein

Abbildung Seite 26:
Ischnura elegans, ♀ verzehrt Abdomen eines ♀ von *Platycnemis pennipes,* Längsee Ti 15. 6. 86

Abbildungen Seite 27:
Anax imperator, Larve verzehrt Junglarve der gleichen Art
Cordulegaster bidentatus, Larve verzehrt Bachflohkrebs,
beides Studioaufnahmen

Stückchen weiter, während die Pechlibelle das Abdomen verzehrt. Der verstümmelte Rumpf der Federlibelle bleibt noch eine Zeitlang lebensfähig, obwohl lebenswichtige Organe wie das Herz zerstört sind.
Die Lebensdauer der einzelnen Libellen ist relativ kurz; sie beträgt auch bei Arten mit einer langen Flugzeit (z. B. *Ischnura elegans* und *Aeshna cyanea*) höchstens 6 bis 8 Wochen pro Individuum, oft auch nur 14 Tage. Nur die beiden *Sympecma*-Arten machen hier eine Ausnahme, da sie als Imago überwintern. Sie können dadurch ein Gesamtalter von 10 bis 11 Monaten erreichen, von denen allerdings etwa die Hälfte im Ruhezustand verbracht wird.

Entwicklung der Larve

Etwa 3 bis 4 Wochen nach der Eiablage schlüpft die Larve; bei Arten, die spät im Jahr ablegen (z. B. *Lestes* und *Sympetrum*) schlüpfen die Larven erst im Frühjahr. Das erste Larvenstadium ist fast ungegliedert, beinahe wurmförmig und wird als Prolarve bezeichnet (S. 23 unten). Bereits wenige Minuten nach dem Verlassen der Eihülle häutet sie sich zur richtigen Larve, die zunächst noch winzig ist (ca. 2 mm). Diese häutet sich im Abstand von zunächst ein bis zwei Wochen insgesamt noch 7- bis 11mal. Die Zeitintervalle zwischen den letzten Häutungen können länger sein, bis fast ein Jahr. Die Zahl der Häutungen ist dabei von Art zu Art verschieden, kann aber auch innerhalb einer Art je nach den Entwicklungsbedingungen variieren. Insgesamt beträgt die Entwicklungsdauer der Larve im Minimum 2 bis 3 Monate (z. B. bei einigen *Lestes*- und *Sympetrum*-Arten), im Maximum wahrscheinlich ca. 5 Jahre (*Cordulegaster* und *Gomphus*).
Während der Larvalentwicklung vergrößern sich die Flügelanlagen bei jeder Häutung. In den ersten Stadien sind sie noch nicht erkennbar; im letzten erreichen sie ca. ⅓ bis ½ der Abdomenlänge. Auch die Anlage der weiblichen Legeröhre, die Augengröße und (bei den Zygopteren) die Breite der Kiemenblättchen wachsen von Stadium zu Stadium. Daher ist es in vielen Fällen schwierig, schon die Junglarven bestimmten Arten zuzuordnen.
Die Libellenlarven ernähren sich nur von lebenden Beutetieren, die sie durch Vorschnellen ihrer Fangmaske ergreifen. Bei der Beute handelt es sich in erster Linie um Larven verschiedener Wasserinsekten, Kleinkrebse und Würmer. Größere Arten, wie die Edellibellen, erbeuten hin und wieder auch Jungfische und Amphibienlarven.

Nicht selten werden schwächere Artgenossen verzehrt (S. 27 oben). Gleichzeitig sind die Libellenlarven aber auch zahlreichen Verfolgern ausgesetzt, vor allem Fischen. In Fischteichen mit starkem Fischbesatz können sich daher kaum Libellen entwickeln. Viele Libellenlarven drücken sich in Bodenvertiefungen oder graben sich in den Gewässergrund ein, um so einer Verfolgung zu entgehen. Die *Cordulegaster*-Larven z. B. graben sich so weit ein, daß nur noch die Augen und die Analpyramide aus dem Bachbett hervorschauen. Dadurch werden sie weder von Feinden noch von ihren Beutetieren entdeckt. Kommt etwa ein Bachflohkrebs in die Nähe, wird er blitzschnell ergriffen und verzehrt, ohne daß die Larve aus ihrem Unterschlupf hervorkommt (S. 27 unten).

Schlüpfen der Imago

Schon Tage bevor die Imago schlüpft, kündigt sich dieses Ereignis an. Die Larve wird träge und nimmt keine Nahrung mehr auf. Ihre Flügelscheiden schwellen ballonförmig an, und unter ihren Augen zeichnen sich die Konturen der größeren Libellenaugen schon deutlich ab. Von Zeit zu Zeit begibt sie sich an die Wasseroberfläche und schiebt sich bis zum Thorax aus dem Wasser heraus, ein Zeichen dafür, daß sie sich allmählich von der Kiemenatmung der Larve auf die Luftatmung der Imago umstellt.

Nach einigen Tagen der Vorbereitungen ist es dann soweit: die Larve klettert frühmorgens an einem senkrechten Pflanzenstengel empor und verankert sich mit ihren Fußkrallen an der Unterlage, meist etwa einen halben Meter über dem Wasserspiegel. Dabei versichert sie sich durch umherschwenkende Bewegungen mit dem Abdomen, daß sie beim Schlüpfen nirgendwo auf Hindernisse stößt.

Plötzlich beginnt der Thoraxrücken und wenig später die Oberseite des Kopfes aufzuplatzen, und im immer breiter werdenden Spalt werden Thorax und Kopf der Imago sichtbar. Langsam schiebt sich der Vorderkörper der Libelle aus der Larvenhaut und läßt sich nach hinten sinken (S. 30 links oben). An den Thoraxseiten erscheinen

Abbildungen Seiten 30–31:
Aeshna juncea ♀, Imaginalhäutung, Neuenkirchen LH 23. 7. 80
Onychogomphus uncatus ♀, Imaginalhäutung, Mas Thibert Ca 23. 6. 85

dabei weiße Fäden, die Auskleidungen der Tracheenhauptstämme. Schließlich sind auch die lappig zusammengefalteten Flügel und die Abdomenbasis freigeworden, und die Larve verharrt kopfunter mit angezogenen Beinen, nur noch mit der Abdomenspitze in der Larvenhülle verankert (S. 30 rechts oben).
Diese Ruhestellung wird etwa eine halbe bis volle Stunde eingenommen. Dann schwingt die Libelle ganz unvermittelt ihren Körper nach oben und krallt sich an der leeren Larvenhaut, der Exuvie, fest (S. 30 links unten). Sekunden später gleitet das Abdomen endgültig aus der Exuvie heraus. Dann werden die lappig herabhängenden Flügelstummel durch Einpumpen von Blutflüssigkeit gestreckt (S. 30 rechts unten). Nachdem sie vollständig ausgebreitet und glasartig durchsichtig geworden sind, wird als letztes das Abdomen auf seine endgültige Länge gestreckt. Kurz darauf öffnet die Libelle ihre Flügel und fliegt wenig später davon.
Der gesamte Vorgang vom Platzen der Larvenhaut bis zum Öffnen der Flügel dauert bei einer Edellibelle, auf die sich die bisherigen Ausführungen beziehen, etwa eine bis drei Stunden, je nach der Temperatur. Bei den meisten übrigen Großlibellen erfolgt das Schlüpfen etwa nach dem gleichen Schema.
Das Schlüpfen der Kleinlibellen verläuft dagegen etwas einfacher und schneller. Bei ihnen kommt die Imago nach oben aus der Exuvie hervor, klammert sich über oder auf dieser fest und befreit dann das Abdomen. Es fehlt die für Großlibellen typische Abwärtsstellung.
Die Flußjungfern verhalten sich beim Schlüpfen anders als die übrigen Großlibellen. Auch sie kommen, wie die Kleinlibellen, nach oben aus der Exuvie hervor (S. 31 oben). Oft bleibt die Larve teilweise im Wasser, und vielfach streckt die Libelle ihre Flügel in waagerechter Haltung (S. 31 unten). Der Vorgang des Schlüpfens dauert vom Platzen der Larvenhaut bis zum Öffnen der Flügel manchmal nur eine halbe Stunde.
Die meisten Libellen schlüpfen frühmorgens. Manche Arten, etwa *Anax imperator*, verlassen aber schon abends das Wasser und schlüpfen noch während der Dunkelheit. Dagegen kann man z. B. *Cordulia aenea* auch noch während der frühen Nachmittagsstunden schlüpfen sehen. Die sicherste Methode, Libellen beim Schlüpfen zu beobachten, ist es, am ersten sonnigen Tag nach einer längeren Schlechtwetterperiode an gute Libellengewässer zu gehen. Kurz nach Sonnenaufgang kann man dort zur richtigen Jahreszeit sicher mit dem Schlüpfen einiger Libellen rechnen. Manche Arten schlüp-

fen übrigens verteilt über eine längere Zeitspanne (z. B. *Aeshna juncea*, *Ischnura elegans*, *Calopteryx splendens*), während andere ganz konzentriert an wenigen Tagen schlüpfen, so daß man u. U. hundert und mehr Individuen gleichzeitig dabei beobachten kann (das ist z. B. bei *Anax imperator* möglich).

Lebensräume

Einige Libellen sind hinsichtlich ihrer Lebensräume wenig wählerisch. Sie entwickeln sich in kleinen, stark verwachsenen Tümpeln ebenso wie in vegetationsarmen, großen Seen, in schlammigen Gräben und teilweise selbst in Fließgewässern, sofern diese keine allzu turbulente Strömung aufweisen. Zu solchen euryöken Arten gehören *Aeshna cyanea*, *Ischnura elegans* und *Coenagrion puella*.
Eine Gruppe etwas anspruchsvollerer Arten kommt ebenfalls an einer Vielzahl unterschiedlicher Gewässertypen vor, benötigt aber eine gut entwickelte Wasservegetation. Hierzu gehören z. B. *Libellula quadrimaculata*, *Sympetrum vulgatum* und *Pyrrhosoma nymphula*.
Alle diese Arten sind aber bei weitem in der Minderzahl. Ihnen steht eine viel größere Zahl spezialisierter Arten gegenüber, die sich jeweils nur in ganz bestimmten Gewässertypen entwickeln können. Manche dieser stenöken Libellen leben z. B. als Larven nur in winzigen Quellrinnsalen, andere in sauberen, sandigen Bächen, in flachen Lehmpfützen oder in kaum sichtbaren Torfmoosschlenken. Um die speziellen Ansprüche einiger Arten zu verdeutlichen, werden 12 ausgewählte Libellenbiotope aus verschiedenen Gegenden Mitteleuropas mit ihrer typischen Libellenfauna vorgestellt. Die Beispiele sind so vielseitig wie möglich ausgewählt; unter ihnen finden sich Gewässer, die jeder in seiner engsten Umgebung in ähnlicher Form finden kann, aber auch solche, die durch ihre auserlesene Libellenfauna einmalig in Mitteleuropa sein dürften. Dabei erscheinen viele der wertvollsten Libellengewässer zunächst gar nicht einmal besonders vielversprechend; erst eine eingehende Untersuchung, die sich oft über mehrere Jahre erstrecken muß, läßt ihre besondere Bedeutung erkennen.

Altwasser im Kanton Aargau (Schweiz)

Altwasser sind die letzten Reste natürlicher Gewässer in unseren Flußauen. Die meisten von ihnen sind aber heute stark verunreinigt oder mit Fischen überbesetzt; die Vegetation ist vielfach durch Angler und Bootsfahrer stark gestört. Intakte, gut besonnte Altwasser mit reicher Unterwasser- und Schwimmblattvegetation sind daher heute kaum noch zu finden. Im gezeigten Gebiet, dessen genaue Lage aus Gründen des Schutzes nicht angegeben werden kann, entwickeln sich u. a. die folgenden Arten:

Pyrrhosoma nymphula	*Anax parthenope*
Coenagrion pulchellum	*Cordulia aenea*
Erythromma najas	*Libellula fulva*
Erythromma viridulum	*Crocothemis erythraea*
Anaciaeschna isosceles	*Leucorrhinia caudalis*
Anax imperator	

Seinen besonderen Wert hat dieses Gebiet als einziges bekanntes Vorkommen von *Leucorrhinia caudalis* in der gesamten Schweiz. Diese Art ist im gesamten Mitteleuropa akut vom Aussterben bedroht.

Fischteich bei Ingstetten (Landkreis Neu-Ulm)

Dieser Fischteich hat flache Ufer und in einigen Bereichen eine gut entwickelte Verlandungsvegetation aus Schachtelhalm (*Equisetum*), Seggen (*Carex*) und Sumpfbinsen (*Heleocharis*). Er wird alljährlich im Herbst abgelassen, aber wenig später wieder bespannt, so daß sich auch Arten mit mehrjähriger Larvenentwicklung halten können. Hier wurden im September 1986 die folgenden Arten beobachtet:

Lestes sponsa	*Aeshna cyanea*
Lestes viridis	*Aeshna grandis*
Ischnura elegans	*Somatochlora metallica*
Enallagma cyathigerum	*Sympetrum vulgatum*
Coenagrion puella	*Sympetrum sanguineum*
Aeshna mixta	

Dieses Beispiel zeigt, daß selbst Fischteiche, die alljährlich abgelassen werden, eine ganze Reihe von Libellenarten beherbergen können. Voraussetzung ist aber, daß die Teiche nicht überbesetzt sind und flache Ufer mit Verlandungsvegetation den Libellenlarven einen Schutz vor den Fischen bieten.

Begradigter Bach im Raum Kandel (Pfalz)
Obwohl dieser Bach begradigt ist, kommt hier eine ganze Reihe sehr seltener Libellen vor. Bisher wurden die folgenden Arten nachgewiesen:

Calopteryx splendens	*Coenagrion ornatum*
Calopteryx virgo	*Gomphus vulgatissimus*
Platycnemis pennipes	*Cordulegaster boltoni*
Pyrrhosoma nymphula	*Libellula fulva*
Coenagrion mercuriale	

Von den 9 hier vorkommenden Arten sind nach der Roten Liste 3 vom Aussterben bedroht (*C. mercuriale, C. ornatum, G. vulgatissimus*) und 4 weitere gefährdet (*C. splendens, C. virgo, C. boltoni, L. fulva*). Entscheidend für dieses ungewöhnliche reiche Vorkommen von Fließwasserarten sind offenbar die folgenden Faktoren: gute Wasserqualität, Strukturvielfalt im Gewässer (Sandbänke, flutende Wasserpflanzen, ruhige Buchten) sowie der Wechsel sonniger und schattiger Partien entlang der Ufer. Außerdem spielt die klimatisch günstige Lage (Nähe zur Oberrheinischen Tiefebene) sicher eine Rolle.

Graben im Hollerland bei Bremen
Die küstennahen Flußniederungen werden vielerorts von einem dichten Netz aus Entwässerungsgräben durchzogen. Wie die Bestandsaufnahme des hier gezeigten Grabens beweist, kann sich in ihnen eine vielfältige Libellenfauna ansiedeln:

Lestes sponsa	*Aeshna viridis*
Ischnura elegans	*Aeshna grandis*
Coenagrion puella	*Anaciaeschna isosceles*
Coenagrion pulchellum	*Sympetrum vulgatum*
Aeshna mixta	*Sympetrum danae*

Besonders hervorzuheben ist das Vorkommen der sehr seltenen *Aeshna viridis*, die nur an Gewässern mit reichen Beständen der Krebsschere (*Stratiotes aloides*) (in der Bildmitte sichtbar) fliegt. Die Pflanze bildet in diesem Graben einen dichten Teppich. Von Zeit zu Zeit müssen die Gräben freigeräumt werden, da sie sonst in wenigen Jahren völlig verlanden würden. Zur Schonung der Libellenlarven und anderer Wassertiere darf die Ausräumung aber immer nur abschnittweise erfolgen.

Moorsee bei Woltem (Lüneburger Heide)
Dieser Moorsee ist vermutlich als eiszeitliche Ausblasungsmulde (Schlatt) entstanden. Er ist überall sehr flach (ca. 50 cm) und dadurch fast in ganzer Ausdehnung mit dichter Verlandungsvegetation, vor allem aus Wollgras (*Eriophorum angustifolium*) und Torfmoos (*Sphagnum*), bewachsen. Wegen seines niedrigen pH-Wertes fehlen Fische völlig, dafür dominieren unter den Libellen seltene Moorarten:

Lestes sponsa
Enallagma cyathigerum
Coenagrion hastulatum
Aeshna juncea
Aeshna subarctica
Aeshna grandis
Anax imperator
Libellula quadrimaculata
Sympetrum danae
Leucorrhinia dubia
Leucorrhinia rubicunda

Vergleichbare Moorgewässer gab es in Norddeutschland früher in großer Zahl. Die meisten von ihnen sind aber heute durch Badebetrieb und Eutrophierung stark gestört oder nach Kalkung in Fischteiche umgewandelt.

Alpines Moor bei Ellmau (Tirol)
Dieses kleine, in 1550 m Höhe in einer Mulde gelegene Moor hat eine Ausdehnung von nur etwa 100 m. Auf der einen Seite liegt ein tiefer Moorkolk, im übrigen besteht es aus einem labilen Schwingrasen und zahlreichen kleinen Schlenken. Die Libellenfauna ist angesichts der Höhenlage recht artenreich:

Lestes sponsa
Coenagrion puella
Coenagrion hastulatum
Aeshna caerulea
Aeshna juncea
Aeshna subarctica
Somatochlora alpestris
Libellula quadrimaculata
Leucorrhinia dubia

Bemerkenswert ist das reiche Vorkommen von *Aeshna caerulea*, einer sehr seltenen Art, die in Mitteleuropa nur in Höhen von über 1000 m vorkommt. Wertvolle alpine Kleinstmoore wie das abgebildete werden nur allzuleicht übersehen. Als lästige Unebenheiten im Gelände sind mittlerweile viele von ihnen unter Skipisten und komfortablen Almerschließungsstraßen begraben.

Flachmoorschlenken bei Walchsee (Tirol)
Auf der Abbildung sind einige flache Kleingewässer zu erkennen. Sie sind aber durch Verlandungsvegetation, u. a. aus Fieberklee (*Menyanthes trifoliata*) und Sumpfbinse (*Heleocharis palustris*), fast zugewachsen. In diesen kaum sichtbaren Wasseransammlungen entwickeln sich wahrscheinlich die folgenden Arten:

Nehalennia speciosa — *Somatochlora arctica*
Aeshna juncea — *Libellula quadrimaculata*
Somatochlora flavomaculata — *Leucorrhinia dubia*

Nicht alle der hier aufgezählten Arten konnten auch als Larven in den Schlenken nachgewiesen werden; es kann aber als sehr wahrscheinlich gelten, daß sie sich auch dort entwickeln. Die größte Kostbarkeit des Gebietes ist die kleinste europäische Libelle, *Nehalennia speciosa*, von der nur wenige Fundorte bekannt sind. Die winzigen Tiere sind aber sehr schwer zu finden, da sie sich vor allem zwischen den Schilfhalmen am Rande der Schlenken aufhalten und nur wenig fliegen.

Quellhang bei Kufstein (Tirol)
An dem gezeigten Quellhang treten nebeneinander mehrere kleine, kalkreiche Quellbäche aus und verteilen sich in zahlreichen, winzigen Rinnsalen über den Abhang. An einigen Stellen sind Kalktuffbarrieren abgelagert, vor denen sich kleine Tümpel aufstauen. Die maximale Wassertiefe beträgt aber überall nur ca. 5 cm. Das Gebiet macht nicht den Eindruck, als könnten hier Libellen vorkommen. Trotzdem handelt es sich um ein sehr wertvolles Libellengebiet, wenn auch nur für eine Art:

Cordulegaster bidentatus

Diese seltene Quelljungfer lebt wohl ausschließlich an derartigen winzigen Quellrinnsalen, meist als einzige Libellenart und in sehr geringer Dichte. Am 15. 6. 86 wurden im gezeigten Gebiet aber immerhin 6 Exuvien dieser Art gefunden. Durch ihre lange Entwicklungszeit (vermutlich ca. 5 Jahre) und die geringe Individuendichte kommt es vor, daß sie in machen Jahren gar nicht auftaucht. Daher ist es recht schwierig, Entwicklungsstätten dieser Libelle zu finden.

Überschwemmungsfläche beim Schmiecher See (Schwäb. Alb)
Der Schmiecher See ist fast völlig verlandet. Nach der Schneeschmelze und nach länger anhaltenden Regenfällen tritt er über die Ufer und überschwemmt die angrenzende Acker- und Wiesenflächen. Dort hält sich das Wasser während einiger Wochen oder gar Monate, oft von April bis Juli. Im (für Libellen) günstigen Jahr 1985 wurden auf der gezeigten Überschwemmungsfläche die folgenden Arten festgestellt:

Lestes sponsa
Lestes dryas
Lestes barbarus
Ischnura elegans
Ischnura pumilio
Sympetrum vulgatum
Sympetrum flaveolum
Sympetrum sanguineum

Besonders günstig scheinen sich derartige Überschwemmungen auf den Bestand von *Lestes dryas*, *Lestes barbarus* und *Sympetrum flaveolum* auszuwirken. Diese 3 Arten traten in sehr hoher Individuendichte auf. Ihre Eier überwintern an Land; wenn sie im Frühjahr überflutet werden, schlüpfen die Larven und entwickeln sich in wenigen Wochen bis zur Imago.

Tongrube bei Bellenberg (Landkreis Neu-Ulm)
Abbaugebiete von Kies, Sand oder Ton gelten allgemein als häßliche Wunden in der Landschaft, die möglichst schnell zu „rekultivieren" sind. Viele dieser Gruben haben sich aber zu sehr wertvollen Ersatzlebensräumen für eine ganze Reihe bedrohter Tiere entwikkelt. In der gezeigten Ziegeleigrube entspringen einige Quellen, die das Grubengelände überfluten und hier ein Mosaik aus schmalen Bächen, kleinen und größeren Tümpeln und kaum begehbaren Schlickflächen entstehen ließen. Hier kommen u. a. die folgenden Libellen vor:

Ischnura elegansu
Ischnura pumilio
Coenagrion puella
Anax imperator
Libellula depressa
Orthetrum brunneum
Orthetrum cancellatum

Besonders hervorzuheben ist das reiche Vorkommen von *Orthetrum brunneum*. Für diese seltene, mediterrane Art scheinen die flachen, sich rasch erwärmenden Rinnsale das optimale Entwicklungsgewässer darzustellen. Man findet die Larven vor allem in ca. 2 cm tiefem Wasser, eingegraben im Lehmboden.

Kiesgrubengewässer bei Oberfahlheim (Landkreis Neu-Ulm)
Das gezeigte Gebiet ist vor ca. 20 Jahren in den Donau-Auen durch Kiesentnahme entstanden. Inzwischen hat es sich zu einem naturnahen, mit Schilf (*Phragmites australis*) und Seebinse (*Schoenoplectus lacustris*) gesäumten Gewässer entwickelt. Hier wurden etwa 20 Libellenarten festgestellt, u. a.:

Lestes viridis	*Aeshna grandis*
Sympecma fusca	*Gomphus pulchellus*
Platycnemis pennipes	*Cordulia aenea*
Pyrrhosoma nymphula	*Somatochlora metallica*
Brachytron pratense	*Libellula quadrimaculata*
Aeshna mixta	*Orthetrum cancellatum*

Wie dieses Beispiel beweist, können sich Kiesgrubengewässer zu sehr wertvollen, artenreichen Libellenbiotopen entwickeln. Leider wird das Gewässer auch von Anglern genutzt. Außer verschiedenen Nutzfischen wurden sogar Goldfische eingesetzt.

Naturschutztümpel bei Gerlenhofen (Landkreis Neu-Ulm)
Der abgebildete Tümpel mit einem Durchmesser von ca. 10 m wurde zusammen mit einem benachbarten, etwa gleichgroßen Tümpel im Herbst 1983 mit dem Bagger angelegt und anschließend sich selbst überlassen. Zwei Jahre später kam ein weiteres, etwas größeres Gewässer hinzu. Diese drei Kleingewässer liegen in einer völlig verlandeten ehemaligen Flußschlinge, umgeben von landwirtschaftlichen Nutzflächen. In den Jahre 1985 und 1986 wurden hier schon 25 verschiedene Libellenarten beobachtet, darunter z. B.:

Lestes dryas	*Libellula quadrimaculata*
Lestes barbarus	*Orthetrum cancellatum*
Sympecma fusca	*Aeshna mixta*
Coenagrion lunulatum	*Anax imperator*
Cercion lindeni	*Sympetrum striolatum*
Ischnura pumilio	*Sympetrum depressiusculum*
Libellula depressa	

Fast alle Arten wurden auch als Larven, Exuvien oder bei der Eiablage beobachtet. Besonders interessant sind die Nachweise von *Coenagrion lunulatum* und *Sympetrum depressiusculum*(jeweils 1 ♂); von beiden Arten sind im Umkreis von 50 km keine weiteren Fundorte bekannt.

Gefährdung und Schutz

Mittlerweile umfaßt die Rote Liste der in der BRD gefährdeten Libellen (CLAUSNITZER et al. 1984) 43 Arten, das sind 60 % der heimischen Vertreter (Vermehrungsgäste nicht mitgerechnet). Für die Gefährdung gibt es eine Vielzahl von Ursachen; ich beschränke mich auf einige der wichtigsten.
Die meisten Gewässer, allen voran die Fließgewässer, wurden durch wasserbauliche Maßnahmen stark verändert. Mäandrierende Wiesenbäche wurden zu betongefaßten Fließrinnen degradiert, verzweigte Wildflüsse in ein enges Korsett aus schnurgeraden Dämmen gezwungen.
Stehenden Gewässern machen besonders die steigenden Freizeitbedürfnisse zu schaffen. So gibt es heute kaum noch einen See oder Weiher, der nicht von Badegästen, Surfern oder Freizeitanglern bevölkert wird. Zunächst leidet die Vegetation unter dieser Belastung; wenig später sind auch die meisten Libellen verschwunden.
Tümpel und Sumpfgebiete werden aufgefüllt und eingeebnet, um so die landwirtschaftlich nutzbare Fläche zu vergrößern. Die meisten Moore sind inzwischen trockengelegt und abgetorft, doch auch heute noch ist die Torfindustrie damit beschäftigt, die letzten intakten Moorgebiete auszubeuten.
Viele ursprünglich intakte Gewässer wurden schließlich direkt durch Einleitung giftiger Abwässer oder indirekt durch Düngung angrenzender Nutzflächen so stark in ihrem ökologischen Gleichgewicht gestört, daß sich in ihnen keine Libellen mehr entwickeln können.
Vielfach erscheint als letzter Ausweg aus dieser Misere eine Ausweisung wertvoller Gewässer als Naturschutzgebiet. Doch selbst diese scheinbar sichere Lösung erweist sich nicht selten als Irrweg. Fast immer bleibt nämlich selbst in Naturschutzgebieten eine fischereiliche Nutzung gestattet. Damit dürfen weiterhin zentnerweise Nutzfische eingesetzt werden, die dann über die zu schützenden Tiere, z. B. Libellen- und Amphibienlarven, herfallen.

Unterdessen hat aber der Gesetzgeber die Initiative ergriffen und mit Wirkung vom 25 .8. 1980 sowie in leicht veränderter Fassung ab 1. 1. 1987 alle heimischen Libellenarten unter Schutz gestellt. Damit ist es also nun verboten, Libellen und ihre Larven zu fangen, zu töten und etwa in eine Sammlung zu überführen. Die folgenden

Libellen werden als „besonders geschützte Arten" gesondert angeführt:

Aeshna caerulea
Aeshna viridis
Ceriagrion tenellum
Coenagrion armatum
Coenagrion hylas
Coenagrion mercuriale
Coenagrion ornatum
Cordulegaster bidentatus
Epitheca bimaculata
Gomphus flavipes
Gomphus simillimus
Gomphus vulgatissimus
Leucorrhinia albifrons
Leucorrhinia caudalis
Onychogomphus uncatus
Ophiogomphus serpentinus
Orthetrum brunneum

Diese Arten unterliegen einem noch strengeren Schutz, d. h., daß sie z. B. nicht mutwillig gestört oder beunruhigt werden dürfen, was u. a. auch durch das Fotografieren geschehen kann.
Diese Verbote gelten aber nur für Libellensammler. Sobald landwirtschaftliche, fischereiwirtschaftliche, wasserbauliche oder ähnliche, dem Wohle der Allgemeinheit dienende Interessen berührt werden, gelten sie dagegen nicht. Daher werden auch weiterhin unsere Libellen (und mit ihnen eine Vielzahl weiterer bedrohter Tiere und Pflanzen) den oben erwähnten Umweltzerstörungen zum Opfer fallen.
In Zukunft wird es dafür aber endlich möglich sein, harmlose Libellensammler, die die heimische Libellenfauna untersuchen, oder interessierte Jugendliche, die die Entwicklung einer Libellenlarve im Aquarium verfolgen wollen, angemessen zu bestrafen.

Fang, Haltung und Sammeln

Viele Libellenarten sind im Gelände leicht anzusprechen. Bei besonders scheuen, flugtüchtigen Arten kann ein Fernglas (8fach, möglichst mit Naheinstellung) gute Dienste leisten. In vielen Fällen reicht aber die Ferndiagnose nicht aus. Die *Coenagrion*- und *Sympetrum*-Arten etwa müssen gefangen und in die Hand genommen werden, um sie sicher zu erkennen. Um die Gefahr einer Verletzung der Tiere so gering wie möglich zu halten, sollte man sie mit zwei Fingern an den Thoraxseiten, niemals an den Flügeln anfassen. Zum Fang benötigt man ein Fangnetz, möglichst aus schwarzem oder grünem Tüll, mit ca. 30 cm Durchmesser an einem etwa 1 m langen Stiel. Um keine Schwierigkeiten zu bekommen, sollte man sich bei der zuständigen höheren Naturschutzbehörde (Regierungspräsidium) eine Ausnahmegenehmigung einholen. Normalerweise können die sicher bestimmten Tiere anschließend wieder freigelassen werden; bei einigen Problemarten erscheint mir aber eine Belegnahme dringend erforderlich. Ansonsten ist das Anlegen einer Libellensammlung in der heutigen Zeit nicht mehr besonders sinnvoll, wenn auch gesagt werden muß, daß die dadurch heraufbeschworenen Gefahren für die Libellenfauna maßlos übertrieben dargestellt werden.

Ein sehr reizvolles Kapitel ist das Studium der Libellenexuvien. Sie lassen sich an den Schlüpforten oft in großer Zahl absammeln, ohne dadurch die Libellen zu schädigen. Man kann sie wie Insekten nadeln und mit ihnen eine Sammlung anlegen. Da die Larven vieler Arten nur unzureichend bekannt sind, eröffnet sich hier noch ein breites Feld für eine sinnvolle Tätigkeit.

Auch die Aufzucht der Larven ist eine lohnende Beschäftigung; sie ist allerdings, wie das Fangen der Imagines, genehmigungsbedürftig. Es ist sogar möglich, die Larven aus Eiern bis zur Imago heranzuziehen. Die Eier sind durch Mitnahme der zuvor belegten Pflanzenteile oder, etwa bei vielen Segellibellen, durch Eintauchen der weiblichen Abdomenspitze in ein wassergefülltes Glasröhrchen zu erhalten.

Die winzigen Junglarven kann man durch tropfenweise Zugabe einer *Paramecium*-Kultur füttern. (Derartige Kulturen von Pantoffeltierchen lassen sich leicht herstellen, indem man ein Glas mit Tümpelwasser füllt, es anschließend mit Wasserpflanzen vollstopft und dann etwa eine Woche sich selbst überläßt.) Später gibt man Wasserflöhe, Mückenlarven, Wasserasseln oder ähnliche Wassertiere. In Notzeiten (Winter) ist Tubifex ein gutes Futter (in Zierfischhandlungen erhältlich). Bei guter Fütterung läßt sich die Entwicklungsgeschwindigkeit erheblich beschleunigen. So betrug die Entwicklungsdauer einer *Brachytron*-Larve vom Schlüpfen aus dem Ei bis zum letzten Larvenstadium bei mir 6 Monate, im Freiland dagegen 2 bis 3 Jahre.

Zur Haltung von Libellenlarven eigenen sich am besten flache, durchsichtige Kunststoffschalen („Kühlschrank"-Schalen), die zum Schutz vor Staub abgedeckt werden sollten. Eine Zugabe von Wasserpflanzen ist nicht erforderlich; manche Arten suchen aber Strukturen zum Anklammern (Schilfhalme) oder Eingraben (Sand).

Bei empfindlichen Arten (Fließwasserlibellen) darf die Wassertiefe höchstens 2 cm betragen; dann ist eine Belüftung nicht erforderlich. Nach dieser recht einfachen Methode ist es möglich, alle heimischen Arten lange Zeit am Leben zu erhalten. Selbst *Gomphus-* und *Cordulegaster*-Larven habe ich so über mehrere Jahre in ganz normalem Leitungswasser gehalten.

Fotografieren

Das Fotografieren der Libellen ist eine schwierige, aber sehr lohnende Aufgabe. Man kann z. B. Verhaltensweisen dokumentieren und in vielen Fällen auch die beobachteten Arten eindeutig belegen, ohne sie fangen zu müssen. Es gibt verschiedene Möglichkeiten, zu brauchbaren Aufnahmen zu kommen.
Für Kleinlibellen ist es am günstigsten, ein 100 mm Makroobjektiv, das einen Abbildungsmaßstab von 1 : 1 erreichen sollte (ggf. durch zusätzliche Zwischenringe), in Verbindung mit zwei kleinen, vorn am Objektiv befestigten Blitzen (Leitzahl ca. 20) zu verwenden). Zur bestmöglichen Detailwiedergabe sollte man sich für einen sehr feinkörnigen Film entscheiden, ich nehme z. B. Kodachrome 25 oder den neuen Velvia von Fuji. Bei der Aufnahme ist darauf zu achten, daß sich dicht hinter der Libelle ein Hintergrund befindet, sonst erhält man typische „Nachtaufnahmen".
Für scheue Großlibellen empfiehlt sich die Verwendung einer längeren Brennweite. Optimal ist m. E. ein 200 mm Makroobjektiv, das man durch ein Einbeinstativ abstützt. Die natürlichsten Fotos ergeben sich beim Arbeiten ohne Blitzgerät. Viele Arten mit kritischen Farben, etwa Prachtlibellen und Smaragdlibellen, sind nur mit Naturlicht zufriedenstellend abzubilden. Hierfür nehme ich Ektachrome 100, gelegentlich Kodachrome 64. Vielversprechend ist auch der neue Kodachrome 200.
Brauchbare Fotos von Libellenlarven sind nicht besonders schwierig. Ich fotografiere sie mit der oben für Kleinlibellen beschriebenen Geräteanordnung, meist von oben durch die Wasseroberfläche. Ich setze die Larven in einer flachen Schale auf einen passenden Untergrund (Sand, Kies, Steine) oder auf eine Wasserpflanze, die sich über einem entsprechenden Untergrund befindet. Die Kamera muß nur bei der Aufnahme so ausgerichtet werden, daß die Blitze nicht ins Objektiv reflektieren. Diese Arbeitsweise läßt sich auch im Gelände durchführen.

Spezieller Teil

Bestimmungsschlüssel der Imagines

In diesem Bestimmungsschlüssel werden soweit wie möglich leicht erkennbare Merkmale bevorzugt. Für eine sichere Artbestimmung ist es dennoch in vielen Fällen notwendig, die Tiere zu fangen und genau zu betrachten; eine Lupe mit ca. 5facher Vergrößerung kann dabei hilfreich sein. Nach Fotos lassen sich Libellen oft nicht eindeutig bestimmen, da die entscheidenden Strukturen (z. B. Flügeladern, Hinterleibsanhänge) nicht sichtbar sind. Die einzelnen Begriffe werden im Kapitel „Körperbau der Imago" erläutert. Im Schlüssel sind alle mitteleuropäischen Arten aufgeführt; er ist daher außer für Deutschland auch für die Beneluxstaaten, das nördliche Frankreich, die Schweiz und Österreich zu verwenden. Verbreitungsangaben innerhalb des Schlüssels beziehen sich auf das Gebiet Mitteleuropas. Von den nur außerhalb dieses Gebietes vorkommenden Arten wurde noch *Coenagrion caerulescens* aufgenommen, da diese Libelle in Südfrankreich häufig vorkommt und leicht mit *C. scitulum* zu verwechseln ist. Aus Platzgründen wurde auf eine vollständige Aufzählung aller wichtigen Merkmale verzichtet. Zur Absicherung der Bestimmung sind daher auch die Einzelbeschreibungen (S. 106 ff.) heranzuziehen.

1 Alle Flügel etwa gleichgestaltet. Komplexaugen um mehr als ihren Durchmesser voneinander entfernt (Zygoptera). 2

– Hinterflügel an der Basis verbreitert. Komplexaugen an der Kopfoberseite zusammenstoßend oder höchstens um ihren Durchmesser voneinander entfernt (Anisoptera). 25

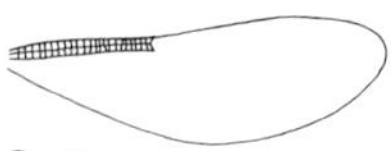

S–1

2 Flügel mit zahlreichen Antenodalqueradern (S–1). Färbung metallisch (Calopterygidae). 3

– Flügel mit nur 2 Antenodalqueradern (S–2). 4

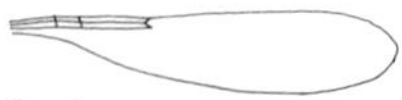

S–2

3 Flügel beim ♂ mit breiter, blau- oder grünschillernder Querbinde, beim ♀ grünlich getönt mit hellgrünen Adern.
Calopteryx splendens (S. 106)

S-3

– Flügel beim ♂ fast vollständig grün- oder blauschillernd, beim ♀ bräunlich getönt mit hellbraunen Adern.
Calopteryx virgo (S. 108)

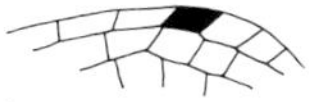

S-4

4 Pterostigma steht vor 2 (–4) Flügelzellen (S–3) (Lestidae). 5

– Pterostigma steht vor 1 (–1 1/2) Flügelzelle (S–4). 12

S-5

5 Körper braun mit schwarzen, bronzeglänzenden Zeichnungen. 6

– Körper grün- oder blaumetallisch, oft hell bereift. 7

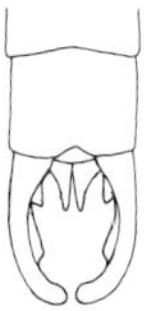

S-6

6 Obere dunkle Längsbinde des Thorax am Unterrand gerade (S–5). Untere Anhänge des ♂ fast halb so lang wie obere (S–6).
Sympecma fusca (S. 122)

– Obere dunkle Längsbinde des Thorax unten ausgebuchtet (S–7). Untere Anhänge des ♂ sehr kurz (S–8).
Sympecma paedisca (S. 124)

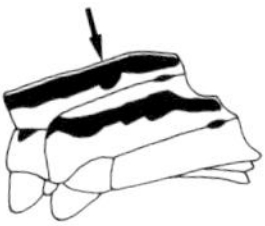

S-7

7 Pterostigma zweifarbig, innen braun, zur Flügelspitze weiß.
Lestes barbarus (S. 120)

– Pterostigma einfarbig, aber oft dunkel mit hellen Randadern. 8

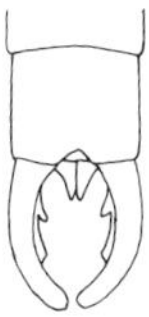

S-8

8 Kopf hinten zwischen den Augen scharf abgesetzt gelb gefärbt, sonst dunkel (S–9).
Lestes virens (S. 116)

– Kopf einfarbig dunkel, aber manchmal mit heller Bereifung. 9

S-9

9 Pterostigma sehr groß, vor 3–4 Flügelzellen.
Lestes macrostigma (S. 120)

– Pterostigma vor 2 Flügelzellen. 10

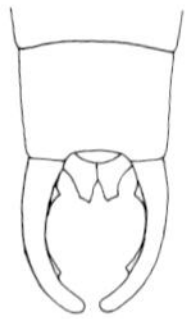

S–10

10 Pterostigma hellbraun. Untere Anhänge des ♂ kurz (S–10). Legebohrer des ♀ vor der Spitze gezähnt (S–11).

Lestes viridis (S. 118)

– Pterostigma (bei ausgefärbten Tieren) schwarzbraun bis schwarz. Untere Anhänge des ♂ lang. Legebohrer des ♀ vor der Spitze nicht gezähnt. 11

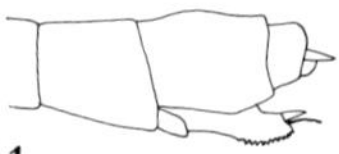

S–11

11 Untere Anhänge des ♂ gerade (S–12). Legebohrer überragt nicht die Abdomenspitze (S–13).

Lestes sponsa (S. 112)

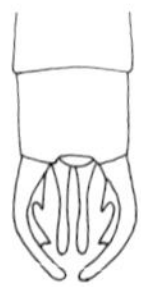

S–12

– Untere Anhänge des ♂ an der Spitze nach innen gebogen (S–14). Legebohrer überragt die Abdomenspitze (S–15).

Lestes dryas (S. 114)

12 Mittel- und Hinterschienen verbreitert und abgeflacht, am Rand mit steifen Borsten (S–16) (Platycnemidae). 13

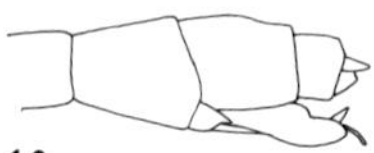

S–13

– Mittel- und Hinterschienen nicht verbreitert (Coenagrionidae). 14

13 Alle Abdominalsegmente mit dunklen Zeichnungen.

Platycnemis pennipes (S. 126)

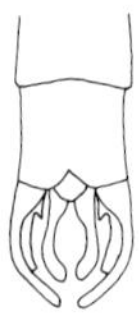

S–14

– Beim ♂ die vorderen, beim ♀ die hinteren Abdominalsegmente ohne dunkle Zeichnungen (nur in Frankreich).

Platycnemis latipes (S. 128)

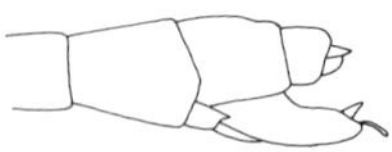

S–15

14 Kopf oben schwarz, ohne helle Zeichnungen. 15

– Kopf oben schwarz, mit zwei großen, hellen Flecken hinten zwischen den Augen. 18

S–16

– Kopf oben mit schmaler, hellblauer Querbinde.

Nehalennia speciosa (S. 166)

15 Abdomen zumindest teilweise rot gefärbt. 16

– Abdomen ohne Rotfärbung. 17

S-17

16 Beine schwarz.
Pyrrhosoma nymphula (S. 130)

– Beine rötlich oder weißlich.
Ceriagrion tenellum (S. 132)

S-18

17 Beim ♂ 10. Abdominalsegment oben ganz blau. Beim ♀ Pronotum-Hinterrand zweimal tief eingekerbt, in der Mitte mit dreieckigem Zipfel (S–17).
Erythromma najas (S. 162)

– Beim ♂ auf dem 10. Abdominalsegment oben eine schwarze, x-förmige Zeichnung (S–18). Beim ♀ Pronotum-Hinterrand nicht zweimal eingekerbt.
Erythromma viridulum (S. 164)

S-19

18 Pterostigma zweifarbig: innen schwarz, zur Flügelspitze weiß. 19

– Pterostigma einfarbig dunkel. 20

19 Segment 8 oben hell (blau, beim ♀ manchmal verwaschen bräunlich), die übrigen Abdominalsegmente oben schwarz (S–19).
Ischnura elegans (S. 134)

S-20

– Beim ♂ Segment 9 und hinteres Drittel von Segment 8 oben blau (S–20). Beim ♀ Abdomen oben ganz schwarz.
Ischnura pumilio (S. 136)

20 An den Abdomenseiten eine durchgehende schwarze Längsbinde.
Coenagrion hylas freyi (S. 158)

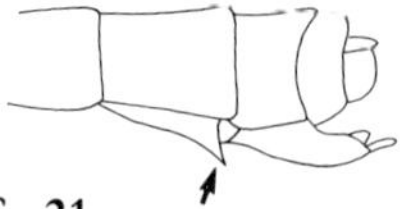

S-21

S-22 S-23 S-24

S-25 S-26 S-27

S-28 S-29 S-31

S-30 S-32

– Abdomenseiten ohne durchgehende Längsbinde. 21

21 ♂♂ 23

– ♀♀ 22

22 Legebohrer an der Basis mit abstehendem Dorn (S–21).
Enallagma cyathigerum (S. 138)

– Legebohrer ohne abstehenden Dorn. 24

23 Unterscheidung nach der Zeichnung auf den Abdominalsegmenten 2 und 3.
a) Wie in S–22.
Enallagma cyathigerum (S. 138)

b) Wie in S–23.
Coenagrion puella (S. 140)

c) Wie in S–24.
Coenagrion pulchellum (S. 142)

d) Wie in S–25.
Coenagrion hastulatum (S. 144)

e) Wie in S–26.
Coenagrion lunulatum (S. 146)

f) Wie in S–27.
Coenagrion mercuriale (S. 148)

g) Wie in S–28.
Coenagrion ornatum (S. 150)

h) Wie in S–29. Spitzen der oberen Anhänge fast gerade (S–30). (Nicht in Mitteleuropa.)
Coenagrion caerulescens (S. 154)

i) Wie in S–31. Spitzen der oberen Anhänge deutlich nach innen gebogen (S–32).
Coenagrion scitulum (S. 152)

S–33

S–34

k) Wie in S–33. Untere Anhänge auffallend groß (S–34).
Coenagrion armatum (S. 156)

l) Wie in S–35.
Cercion lindeni (S. 160)

S–35

24 Unterscheidung nach der Form des Pronotum-Hinterrands.

a) Wie in S–36.
Coenagrion puella (S. 140)

S–36

b) Wie in S–37.
Coenagrion pulchellum (S. 142)

S–37

c) Wie in S–38.
Coenagrion hastulatum (S. 144)

S–38

d) Wie in S–39.
Coenagrion lunulatum (S. 146)

S–39

e) Wie in S–40.
Coenagrion mercuriale (S. 148)

S–40

f) Wie in S–41.
Coenagrion ornatum (S. 150)

S–41

g) Wie in S–42.
Coenagrion caerulescens (S. 154)

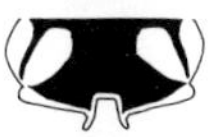

S–42

h) Wie in S–43.
Coenagrion scitulum (S. 152)

S–43

i) Wie in S–44.
Coenagrion armatum (S. 156)

S–44

k) Wie in S–45.
Cercion lindeni (S. 160)

S–45

25 Komplexaugen deutlich voneinander getrennt (Gomphidae). 26

– Komplexaugen berühren sich oben am Kopf in einem Punkt (Cordulegasteridae). 32

– Komplexaugen berühren sich auf einer längeren Strecke. 34

S–46

26 Thoraxseiten mit breiten schwarzen Streifen (S–46). Obere Anhänge des ♂ lang, zangenförmig. 27

– Thoraxseiten mit schmalen schwarzen Streifen (S–47). Obere Anhänge des ♂ kurz. 28

S–47

27 Zwischen den Augen zwei gelbe Flecke. Bei mitteleuropäischen Tieren: Augen grün, obere Anhänge des ♂ dunkelbraun.
Onychogomphus forcipatus (S. 202)

– Zwischen den Augen nur ein gelber Fleck. Augen blau. Obere Anhänge des ♂ gelbbraun. (In Mitteleuropa verschollen.)
Onychogomphus uncatus (S. 204)

28 Thorax grün, Abdomen gelb gezeichnet.
Ophiogomphus serpentinus (S. 200)

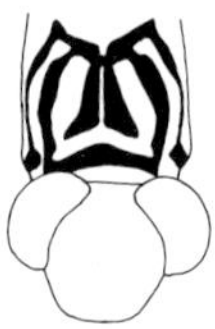

– Thorax und Abdomen gleich gefärbt. 29

29 Beine schwarz.
Gomphus vulgatissimus (S. 192)

S–48

– Beine gelb gestreift. 30

30 Die jederseits 3 schwarzen Längsbinden vorn oben auf dem Thorax gleichweit voneinander entfernt, so daß die zwischen ihnen liegenden gelben Binden gleichbreit sind (S–48).
Gomphus flavipes (S. 196)

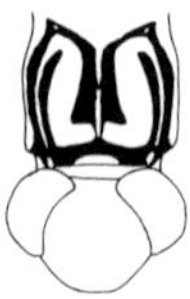

S–49

– Der vordere gelbe Streifen breiter als der hintere (S–49). 31

31 2. und 3. schwarzer Streifen schmäler als der gelbe Zwischenraum.
Gomphus pulchellus (S. 194)

– 2. und 3. schwarzer Streifen mindestens so breit wie der gelbe Zwischenraum (S–49).
Gomphus simillimus (S. 198)

S–50

32 Vorderer Thorax-Seitenstreifen am Hinterrand eingebuchtet (S–50). (Nur im Südosten des Gebietes.)
Cordulegaster heros (S. 208)

– Vorderer Thorax-Seitenstreifen ohne Einbuchtung. 33

33 Hinterhauptsdreieck (hinten zwischen den Komplexaugen) gelb. Mittlere Abdominalsegmente mit 2 gelben Querbinden.
Cordulegaster boltoni (S. 206)

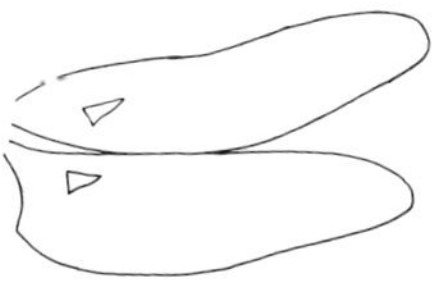

S–51

– Hinterhauptsdreieck schwarz, aber von hinten oft gelb gefleckt. Mittlere Abdominalsegmente mit nur einer gelben Querbinde.
Cordulegaster bidentatus (S. 208)

34 Dreieck im Vorderflügel (wie im Hinterflügel) mit der Spitze nach außen gerichtet (S–51) (Aeshnidae). 35

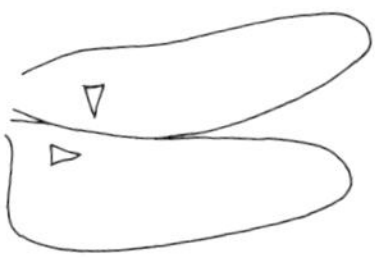

S–52

– Dreieck im Vorderflügel mit der Spitze nach hinten, im Hinterflügel nach außen gerichtet (S–52) (Corduliidae und Libellulidae). 46

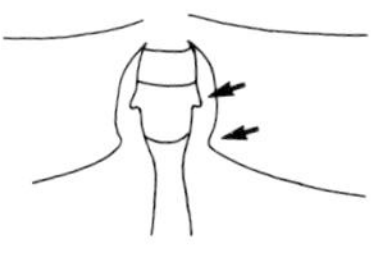

S–53

35 Thorax einfarbig grün oder bräunlich. ♂ mit abgerundeter Hinterflügelbasis und ohne „Öhrchen“ am 2. Segment. 36

– Thorax hell und dunkel gezeichnet. ♂ mit eckiger Hinterflügelbasis und „Öhrchen“ am 2. Segment (S–53). 37

36 Thorax grün, Abdomen blau oder grün mit schwarzer Zeichnung.
Anax imperator (S. 188)

– Thorax dunkelbraun, Abdomen an der Basis hellblau, sonst trübviolett bis bräunlich.
Anax parthenope (S. 190)

– Körper mit gelbbrauner Grundfärbung, nur Segment 2 oben hellblau (Irrgast).
Hemianax ephippiger (S. 190)

37 Grundfärbung braun. Flügel durchsichtig. Augen leuchtend grün. Segment 2 mit gelbem, keilförmigem Fleck.
Anaciaeschna isosceles (S. 186)

– Grundfärbung braun. Flügel deutlich braun getönt.
Aeshna grandis (S. 184)

– Färbung anders. 38

38 Abdomen verwaschen graugrün gefleckt. Beine hellbraun. Flügelspitzen beim ♂ dunkel gefleckt. (Nur Südschweiz.)
Boyeria irene (S. 186)

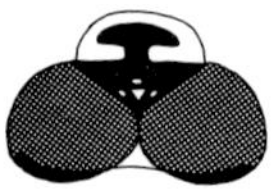

S–54

– Abdomen blau, grün oder gelb gefleckt. Beine ganz oder teilweise schwarz. 39

39 Berührungslinie der Augen etwa so lang wie das dahinter liegende Hinterhauptsdreieck (S–54). 40

S–55

– Berührungslinie der Augen länger als das Hinterhauptsdreieck (S–55). 41

40 Thoraxstein grün mit dunklen Streifen. Körper auffallend behaart.
Brachytron pratense (S. 168)

– Thoraxseiten braun mit hellen Streifen. Körper nicht auffallend behaart. (Nur im Gebirge.)
Aeshna caerulea (S. 170)

41 Thoraxseiten braun mit hellen Streifen. 42

– Thoraxseiten grün mit dunklen, oft sehr schmalen Streifen. 44

S–56

42 Oben auf Segment 2 ein gelbes Dreieck.
Aeshna mixta (Abb. 172)

– Segment 2 ohne gelbes Dreieck. 43

S–57

43 Beim ♂ mittleres Fleckenpaar oben auf Segment 3 deutlich kleiner als das hintere (S–56). Beim ♀ Abdominalanhänge schräggestellt (S–57).
Aeshna juncea (S. 176)

– Beim ♂ mittleres Fleckenpaar oben auf Segment 3 kaum kleiner als das hintere (S–58). Beim ♀ Abdominalanhänge waagerecht gestellt (S–59).
Aeshna subarctica (S. 178)

S–58

44 Auf der Stirn vor den Augen nur eine schwarze Querbinde.
Aeshna viridis (S. 182)

– Auf der Stirn schwarze Zeichnung in Form eines „T" (S–55). 45

S–59

45 Thoraxseiten mit schmalen schwarzen Streifen.
Aeshna affinis (S. 174)

– Thoraxseiten mit breiten schwarzen Streifen.
Aeshna cyanea (S. 180)

46 Augen leuchtend grün. 47

– Augen nicht leuchtend grün. 52

47 Abdominalsegmente oben in der Mitte gelb gefleckt.
Oxygastra curtisi (S. 220)

– Abdomen oben dunkel. 48

48 Stirn einfarbig grün. Abdomen des ♂ keulenförmig, breiteste Stelle hinter der Mitte.
Cordulia aenea (S. 210)

– Stirn gelb gezeichnet. Abdomen des ♂ in der Mitte am breitesten. 49

49 An den Seiten der Segmente 4–8 gelbe Flecke (beim ♂ manchmal undeutlich).
Somatochlora flavomaculata (S. 214)

– Segmente 4–8 ohne gelbe Flecke. 50

50 Körper metallisch grün bis kupfern. ♀ mit rechtwinklig abstehender Legeröhre.
Somatochlora metallica (S. 212)

– Abdomen fast schwarz. ♀ ohne abstehende Legeröhre. 51

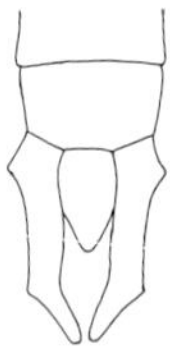

S–60

51 Cerci des ♂ gleichmäßig gebogen (S–60). ♀ mit weißen Endringen an den Segmenten 2 und 3 und kleinem, weißem Seitenfleck an Segment 2.
Somatochlora alpestris (S. 216)

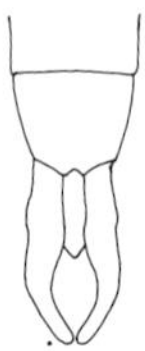

S–61

– Cerci des ♂ an der Basis parallel, in der Spitzenhälfte nach innen gebogen (S–61). ♀ mit auffallendem, gelbem Seitenfleck an Segment 3.
Somatochlora arctica (S. 218)

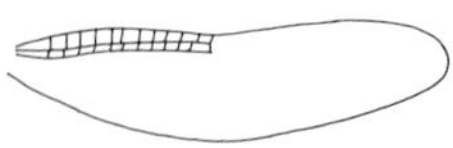

S–62

52 Vorderflügel mit mindestens 10 Antenodalqueradern (S–62). 53

– Vorderflügel mit weniger als 10 Antenodalqueradern (S–63). 60

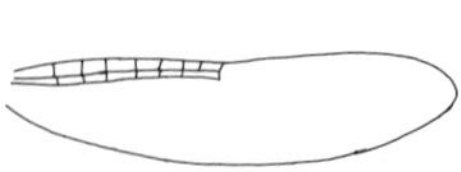

S–63

53 Hinterflügelbasis mit großem, dunklem Fleck. 54

– Hinterflügelbasis ohne dunklen Fleck. 56

54 Nodus aller Flügel schwarz gefleckt.
Libellula quadrimaculata (S. 222)

– Nodus der Flügel nicht gefleckt. 55

55 Auch die Vorderflügel mit dunklem Basisfleck.
Libellula depressa (S. 224)

– Vorderflügel ohne dunklen Fleck.
Libellula fulva (S. 226)

56 ♂ rot gefärbt. ♀ mit abstehender Legeröhre.
Crocothemis erythraea (S. 236)

– ♂ blau bereift. ♀ ohne abstehende Legeröhre. 57

57 Pterostigma schwarz. 58

– Pterostigma hellbraun. 59

58 Cerci schwarz.
Orthetrum cancellatum (S. 232)

– Cerci ganz oder teilweise weiß.
Orthetrum ailbistylum (S. 234)

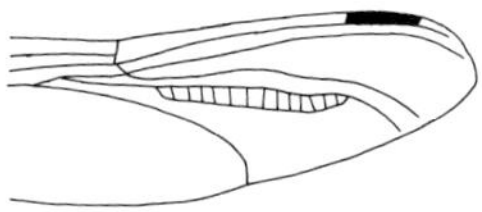
S–64

59 Zwischen Radiusschaltader und unterstem Radiusseitenast eine einfache Zellreihe (S–64). Stirn bräunlich.
Orthetrum coerulescens (S. 228)

– Zwischen Radiusschaltader und unterstem Radiusseitenast einige Zellen verdoppelt (S–65). Stirn weiß oder bläulichweiß.
Orthetrum brunneum (S. 230)

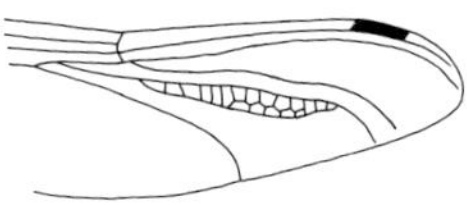
S–65

60 Flügelspannweite mindestens 80 mm.
Epitheca bimaculata (S. 220)

– Flügelspannweite weniger als 70 mm. 61

61 Stirn gelb, rot oder braun. 62

– Stirn weiß, manchmal dunkel gefleckt. 69

62 Alle Flügel mit dunkler Querbinde.
Sympetrum pedemontanum (S. 252)

– Flügel ohne dunkle Querbinde. 63

63 Beine außen hell gestreift oder überwiegend hell. 64

– Beine ganz schwarz. 67

64 Vorder- und Hinterflügel mit großem, gelbem Basisfleck. Pterostigma (ausgefärbt) dunkelrot.
Sympetrum flaveolum (S. 246)

– Nur im Hinterflügel ein deutlicher gelber Basisfleck. Pterostigma gelb mit schwarzem Rand.
Sympetrum fonscolombei (S. 242)

– Flügel ohne deutliche gelbe Basisflecke. Pterostigma (ausgefärbt) dunkelbraun bis schwarz. 65

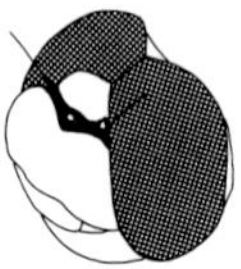

S–66

65 Thoraxseiten fast ohne dunkle Nahtlinien. Vor den Augen eine sehr schmale, schwarze Querlinie.
Sympetrum meridionale (S. 244)

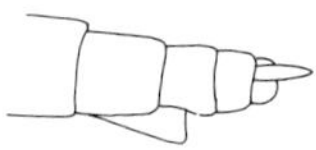

S–67

– Thoraxseiten mit dunklen Nahtlinien. Vor den Augen eine deutliche, schwarze Querlinie. 66

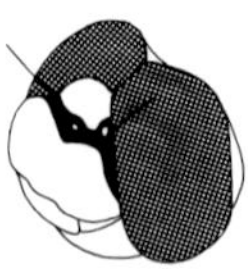

S–68

66 Die schwarze Querlinie auf der Stirn endet bei den Augen (S–66). Legeröhre des ♀ schräg abstehend (S–67).
Sympetrum striolatum (240)

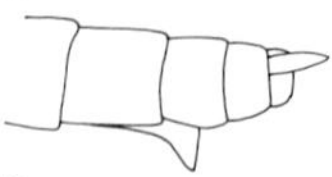

S–69

– Die schwarze Querlinie auf der Stirn läuft ein Stück an den Augen herab (S–68). Legeröhre des ♀ fast rechtwinklig abstehend (S–69).
Sympetrum vulgatum (S. 238)

67 ♂ schwarz gefärbt. ♀ mit abstehender Legeröhre.

Sympetrum danae (S. 254)

– ♂ mit rotem Abdomen. ♀ ohne abstehende Legeröhre. 68

68 Flügel mit sehr dichtem Adernetz, besonders zwischen Radialsektor und Media (S–70). Abdomen oben auf den Segmenten 3 – 8 mit auffallenden, schwarzen Strichen.

Sympetrum depressiusculum (S. 250)

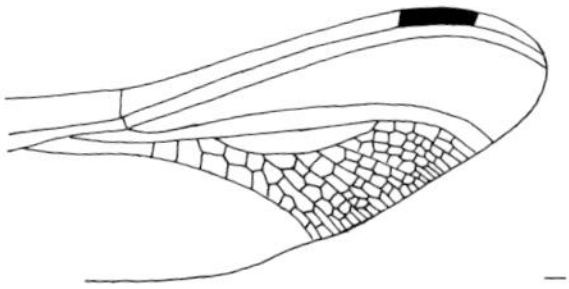

S–70

– Flügel mit weniger dichtem Adernetz (S–71). Vorderer Abschnitt des Abdomens oben meist ohne dunkle Striche.

Sympetrum sanguineum (S. 248)

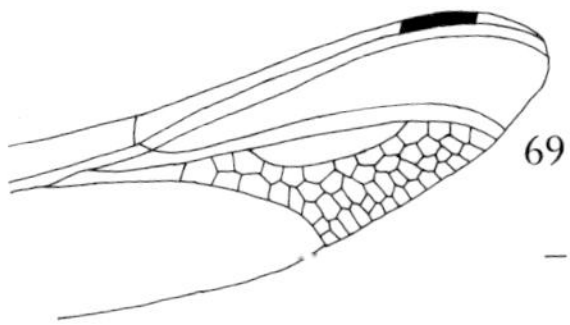

S–71

69 Cerci weiß. 70

– Cerci schwarz. 71

70 Abdomen hinten keulenförmig verbreitert.

Leucorrhinia caudalis (S. 256)

– Abdomen nicht verbreitert.

Leucorrhinia albifrons (S. 258)

71 Helle Flecke auf Segment 6 und 7 kaum länger als halbe Segmentlänge.

Leucorrhinia dubia (S. 260)

– Helle Flecke auf Segment 6 und 7 deutlich länger als halbe Segementlänge. 72

72 Heller Fleck auf Segment 7 schmal, etwa doppelt so lang wie breit; beim ♂ rot, beim ♀ gelb.

Leucorrhinia rubicunda (S. 262)

– Heller Fleck auf Segment 7 fast so breit wie lang, beim ♂ und ♀ gelb.

Leucorrhinia pectoralis (S. 264)

Bestimmungsschlüssel der Larven

Dieser Schlüssel ist vor allem für das Bestimmen der Libellenlarven gedacht; er eignet sich aber im allgemeinen auch für die Exuvien. Er berücksichtigt soweit wie möglich Merkmale, die auch an der lebenden Larve mit einer ca. 10fachen Lupe erkannt werden können. In einigen Fällen wird allerdings, speziell bei manchen Kleinlibellenlarven, die Benutzung eines Mikroskops unentbehrlich sein. Nicht alle Larven sind mit diesem Schlüssel sicher bis zur Art zu bestimmen. In solchen Fällen erscheint als Ergebnis eine Artengruppe, wie z. B. „*Sympecma fusca* oder *Sympecma paedisca*". Aus Mangel an Vergleichsmaterial war es mir nicht möglich, alle in Mitteleuropa vorkommenden Arten zu berücksichtigen. Die Bezeichnungen der einzelnen Körperteile sind dem Kap. Körperbau der Larve und den Abb. 5 bis 7 zu entnehmen (S. 13 ff.). Meistens ist eine sichere Bestimmung nur nach dem letzten Larvenstadium möglich; Maßangaben beziehen sich stets auf dieses! Die angegebenen Längen der Kleinlibellen sind Körperlängen ohne Kiemenblättchen.

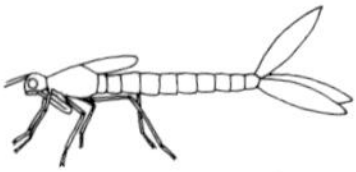

L–1

1 Schlanke Larven mit 3 Kiemenblättchen am Körperende (L–1) (Zygoptera). 2

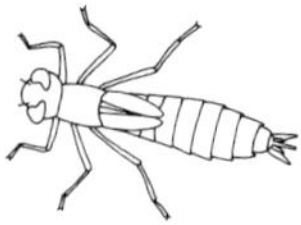

L–2

– Plumpere Larven mit Analpyramide aus 5 Dornen (L–2, L–3) (Anisoptera). 22

L–3

2 Erstes Fühlerglied auffallend lang, länger als die übrigen zusammengenommen. Mittleres Kiemenblättchen deutlich kürzer als die seitlichen (Calopterygidae). 3

– Erstes Fühlerglied nicht auffallend lang. Alle Kiemenblättchen etwa gleichlang. 4

rechts Mitte: *Calopteryx splendens*
rechts unten: *Calopteryx virgo*

L-4

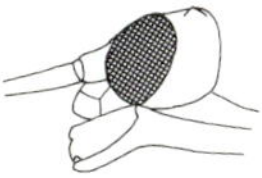

L-5

3 Erstes Fühlerglied fast doppelt so lang wie die übrigen (L–4). Mittleres Kiemenblättchen breiter als die seitlichen, alle mit 2 hellen Binden (die 2. oft undeutlich). Höcker hinter dem Auge nicht höher als dieses (L–5).
Calopteryx splendens (S. 106)

L-6

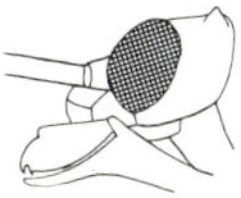

L-7

– Erstes Fühlerglied etwas länger als die übrigen (L–6). Alle Kiemenblättchen gleichbreit und nur mit einer Binde. Höcker hinter dem Auge überragt dieses (L–7).
Calopteryx virgo (S. 108)

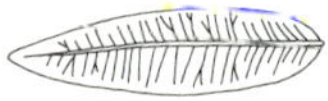

L-8

4 Seitenadern in den Kiemenblättchen zweigen fast rechtwinklig von der Mittelader ab (L–8) (Lestidae). 5

L-9

– Seitenadern in den Kiemenblättchen zweigen schräg ab (L–9). 10

L-10

5 Fangmaske nicht auffällig eingeschnürt (L–10). 6

L-11

– Fangmaske stark eingeschnürt (L–11). 7

L-12

6 Außenast des Fanghakens gleichmäßig gezähnt (L–12).
Lestes viridis (S. 118)

L-13

– Außenast des Fanghakens unregelmäßig gezähnt (L–13).
Sympecma fusca (S. 122)
oder *Sympecma paedisca* (S. 124)

L-14

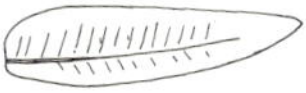

L-15

L-16

oben: *Sympecma fusca*
Mitte: *Lestes sponsa*
links unten: *Lestes viridis*

7 Kiemenblättchen ± parallelseitig (L-14). 8

– Kiemenblättchen verschmälert (L-15). 9

8 Kiemenblättchen deutlich quergebändert (L-14).

Lestes sponsa (S. 112)

– Querbänder nur an den Rändern deutlich (L-16).

Lestes virens (S. 116)

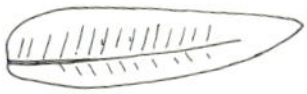

L–15

9 Kiemenblättchen zur Spitze hin allmählich verschmälert (L–15).

Lestes dryas (S. 114)

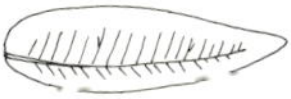

L–17

– Kiemenblättchen an der Basis breit, in der Spitzenhälfte plötzlich verschmälert (L–17).

Lestes barbarus (S. 120)

L–18

10 Kiemenblättchen in eine lange, fadenförmige Spitze ausgezogen (L–18) (Platycnemidae).

Platycnemis pennipes (S. 126)
oder *Platycnemis latipes* (S. 128)

L–19

– Kiemenblättchen zugespitzt oder abgerundet, aber ohne fadenförmige Verlängerung (Coenagrionidae). 11

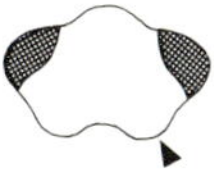

L–20

11 Hinterkopf eckig (L–19). 12

– Hinterkopf abgerundet (L–20). 13

12 Kiemenblättchen länger als 4 mm, die seitlichen basal am Unterrand mit (schwer sichtbaren) starren Borsten, sonst fein bewimpert, in der Apikalhälfte meist mit dunkler Zeichnung, oft in Form eines „X“ (L–21).

Pyrrhosoma nymphula (S. 130)

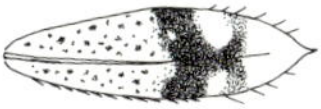

L–21

links oben: *Lestes dryas*
links Mitte: *Platycnemis pennipes*
links unten: *Platycnemis latipes*
rechts oben: *Pyrrhosoma nymphula*

L–22

– Kiemenblättchen höchstens 4 mm, basal oben und unten mit starren Borsten, ohne auffallende Zeichnung (L–22).
Ceriagron tenellum (S. 132)

13 Larven über 20 mm lang (ohne Kiemenblättchen). Kiemenblättchen am Apex stumpf, meist mit dunkler Zeichnung.
Eyrthromma najas (S. 162)

– Larven kleiner als 20 mm 14

links oben: *Ceriagrion tenellum*
links Mitte: *Erythromma najas*

L–23

14 Larven unter 13 mm lang. Kiemenblättchen apikal abgerundet, aber mitten in eine feine Spitze ausgezogen (L–23).
Nehalennia speciosa (S. 166)

– Larven mindestens 13 mm lang; wenn kleiner, dann Kiemenblättchen auffallend kurz. 15

15 Larven 12–15 mm lang. Kiemenblättchen auffallend kurz (3 mm). Kopf nicht gepunktet.
Coenagrion mercuriale (S. 148)

rechts Mitte: *Nehalennia speciosa*
rechts unten: *Coenagrion mercuriale*

– Sehr ähnlich *C. mercuriale*, aber Kopf hinten mit dunklen Punkten (wie in L–28).
Coenagrion ornatum (S. 150)

– Kiemenblättchen länger als 3 mm. 16

16 Kiemenblättchen auffallend schmal.
Coenagrion hylas freyi (S. 158)

– Kiemenblättchen nicht auffallend schmal. 17

17 Fühler mit 6 Gliedern. 18

– Fühler mit 7 Gliedern. 19

L–24

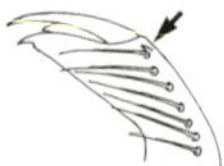

L–25

18 Kiemenblättchen zugespitzt, oft mit kurzen, dunklen Querbinden in der Spitzenhälfte (L–24). Letzte Borste am Fanghaken mit Nebenborste (L–25).
Enallagma cyathigerum (S. 138)

– Kiemenblättchen mit stumpfem Apex. Fanghakenborsten ohne Nebenborsten.
Coenagrion hastulatum (S. 144)
oder *Coenagrion lunulatum* (S. 146)
oder *Coenagrion armatum* (S. 156)

links unten: *Coenagrion hylas freyi*

rechts oben: *Enallagma cyathigerum*
rechts Mitte: *Cercion lindeni*

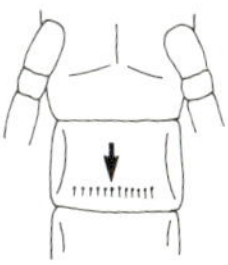

L–26

19 1. Abdominalsternit mit Querreihe steifer Borsten (L–26).

Cercion lindeni (S. 160)
oder *Erythromma viridulum* (S. 164)

– 1. Abdominalsternit ohne derartige Borsten 20

L–27

20 Starre Borsten am Rand der Kiemenblättchen gehen auf beiden Seiten etwa bis zur Mitte (L–27). Hinterkopf mit regelmäßig verteilten, dunklen Punkten (L–28).
Coenagrion puella (S. 140)
oder *Coenagrion pulchellum* (S. 142)

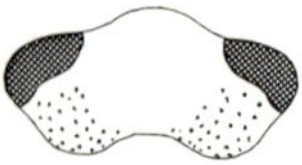

L–28

– Starre Borsten am Rand der Kiemenblättchen gehen nur auf einer Seite bis zur Mitte (L–29). Hinterkopf ohne oder mit wenigen dunklen Punkten. 21

L–29

21 Alle Schenkel mit dunklem Ring.
Ischnura elegans (S. 134)

– Beine ohne dunkle Ringe.
Ischnura pumilio (S. 136)

L–30

22 Fangmaske flach. Fanghaken mit langem, beweglichem Zahn (L–30). 23

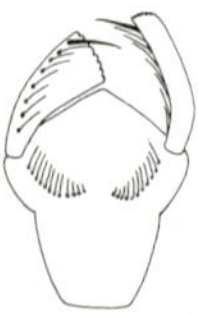

– Fangmaske gewölbt. Fanghaken dreieckig, mit gezähntem Rand und kurzem, beweglichem Zahn (L–31). 39

L–31

links oben: *Coenagrion puella*
rechts Mitte: *Ischnura elegans*
rechts unten: *Ischnura pumilio*

L–32

23 Fühler fadenförmig, 6- bis 7gliedrig. Körper langgestreckt (Aeshnidae). 24

– Fühler auffallend kurz und breit, 4gliedrig (L–32). Körper kürzer (Gomphidae). 35

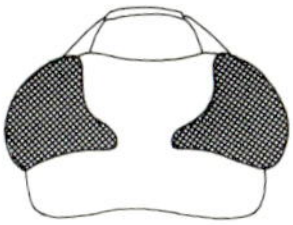

L–33

24 Seitenrand des Kopfes hinter dem Auge kürzer als dieses (L–33). 25

L–34

– Seitenrand des Kopfes hinter dem Auge etwa so lang wie dieses oder länger (L–34). 27

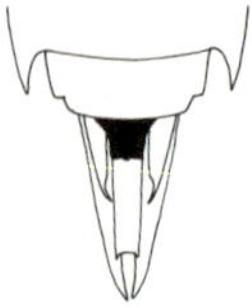

L–35

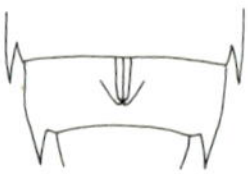

L–36

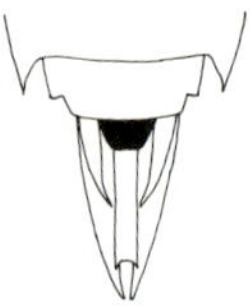

L–37

L–38

L–39

25 Hinterecken des Kopfes winklig zugespitzt.
Boyeria irene (S. 186)

– Hinterecken des Kopfes abgerundet. 26

26 Beim ♂ Supraanalblättchen etwa so lang wie breit, halb so lang wie die Cerci (L–35). Beim ♀ Legeröhre 2/3 so lang wie Segment 9 (L–36).
Anax imperator (S. 188)

– Beim ♂ Supraanalblättchen breiter als lang, 1/3 so lang wie die Cerci (L–37). Beim ♀ Legeröhre halb so lang wie Segment 9 (L–38).
Anax parthenope (S. 190)

27 Augen klein, nehmen weniger als die Hälfte vom Seitenrand des Kopfes ein (L–39).
Brachytron pratense (S. 168)

links oben: *Boyeria irene*
rechts oben: *Anax imperator*
rechts Mitte: *Anax parthenope*
rechts unten: *Brachytron pratense*

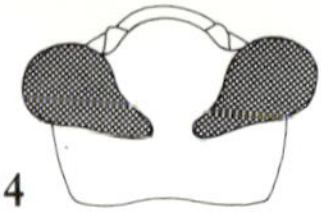

L-34

– Augen größer (L–34). 28

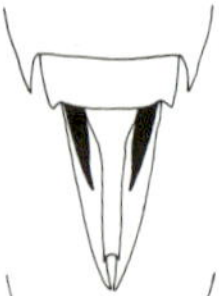

L-40

28 Cerci kürzer als Hälfte der Analpyramide (L–40). 29

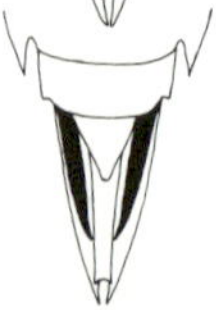

L-41

– Cerci länger als Hälfte der Analpyramide (L–41). 34

L–42

29 Fangmaske schmal, ca. 4mal so lang wie an der schmalsten Stelle breit (L–42). 30

L–43

– Fangmaske breit, ca. 2–2,5mal so lang wie an der schmalsten Stelle breit (L–43). 32

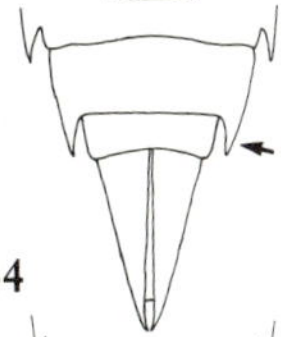

L–44

30 Lateraldorne des 9. Segments etwa so lang wie Segment 10 (von unten betrachten!) (L–44).
Aeshna mixta (S. 172)

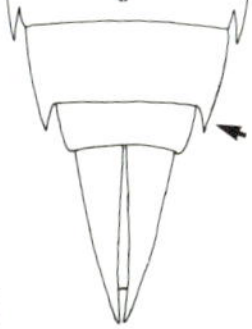

L–45

– Lateraldorne des 9. Segments etwa halb so lang wie Segment 10 (L–45). 31

31 Lateraldorne an Segment 6 rudimentär (L–46). Körperlänge 34–42 mm.
Aeshna caerulea (S. 170)

– Lateraldorne an Segment 6 deutlich sichtbar (L–47). Körperlänge 40–48 mm.
Aeshna cyanea (S. 180)

L–46

L–47

links Mitte: *Aeshna mixta*
links unten: *Aeshna caerulea*
rechts oben: *Aeshna cyanea*

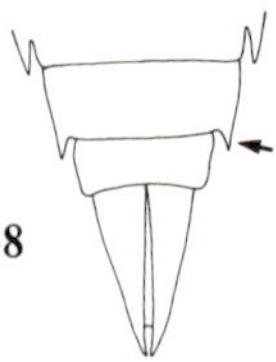

L–48

32 Lateraldorne des 9. Segments kürzer als die Hälfte von Segment 10 (von unten betrachtet!) (L–48).

Aeshna juncea (S. 176)

– Lateraldorne des 9. Segments länger als die Hälfte von Segment 10 (L–49). 33

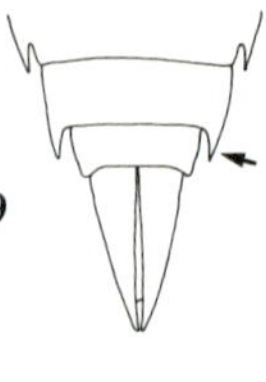

L–49

33 Abdomen ohne deutliche Dorsalzeichnungen.
Aeshna viridis (S. 182)

links oben: *Aeshna juncea*
links Mitte: *Aeshna viridis*

L–50

– Abdomen mit paarigen, dunklen Dorsalflekken.

Aeshna grandis (S. 184)

34 Fangmaske an der breitesten Stelle knapp 1,5mal so breit wie an der schmalsten (L–50).

Aeshna subarctica (S. 178)

rechts Mitte: *Aeshna grandis*
rechts unten: *Aeshna subarctica*

– Fangmaske an der breitesten Stelle fast doppelt so breit wie an der schmalsten (L–51).
Anaciaeschna isosceles (S. 186)

L–51

35 Dorsaldorne fehlend. 36

– Dorsaldornevorhanden. 38

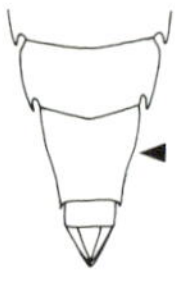

36 Segment 9 länger als breit (L–52).
Gomphus flavipes (S. 196)

L–52

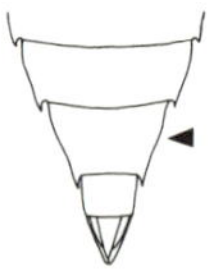

– Segment 9 etwa so lang wie breit (L–53).
Gomphus pulchellus (S. 194)

L–53

– Segment 9 breiter als lang (L–54). 37

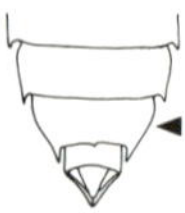

37 Lateraldorne an Segment 6 – 9 (am 6. Segment sehr klein).
Gomphus vulgatissimus (S. 192)

L–54

links oben: *Anaciaeschna isosceles*
rechts oben: *Gamphus flavipes*
rechts Mitte: *Gomphus pulchellus*
rechts unten: *Gomphus vulgatissimus*

– Lateraldorne an Segment 7 – 9.

Gomphus simillimus (S. 198)

38 Lateraldorne an Segment 7 – 9. Dorsaldorne deutlich.

Ophiogomphus serpentinus (S. 200)

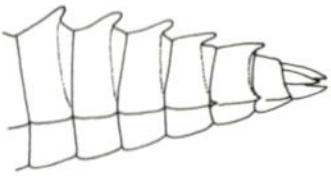

L–55

– Lateraldorne an Segment 8 – 9. Dorsaldorne deutlich (L–55).

Onychogomphus uncatus (S. 204)

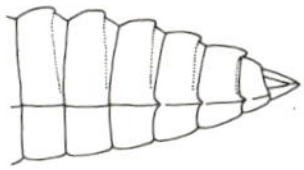

L–56

– Lateraldorne an Segment 7 – 9. Dorsaldorne undeutlich (L–56).
Onychogomphus forcipatus (S. 202)

L–57

39 Fanghaken unregelmäßig grob gezähnt (L–57) (Cordulegasteridae). 40

links Mitte: *Gomphus simillimus*
links unten: *Ophiogomphus serpentinus*
rechts oben: *Onychogomphus uncatus*
rechts Mitte: *Onychogomphus forcipatus*

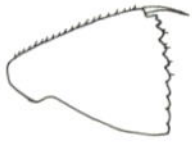

L–58

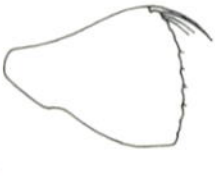

L–59

– Fanghaken regelmäßig gezähnt oder gewellt (L–58, L–59). 41

40 Flügelscheiden schräg am Abdomen herablaufend. Segmente 8 und 9 mit kurzen Lateraldornen.

Cordulegaster boltoni (S. 206)

– Flügelscheiden parallel orientiert. Abdominalsegmente ohne Lateraldorne.

Cordulegaster bidentatus (S. 208)

41 Fanghaken deutlich gezähnt (L–58) (*Corduliidae* und *Libellula depressa*). 42

links oben: *Cordulegaster boltoni*
links Mitte: *Cordulegaster bidentatus*
rechts Mitte: *Epitheca bimaculata*
rechts unten: *Cordulia aenea*

– Fanghaken fein gewellt (L–59) (*Libellulidae* excl. *Libellula depressa*). 47

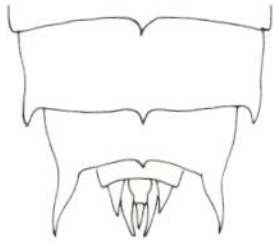

L–60

42 Segment 9 mit sehr langen Lateraldornen, die bis zur Spitze der Analpyramide reichen (L–60).

Epitheca bimaculata (S. 220)

– Segment 9 mit kürzeren Lateraldornen. 43

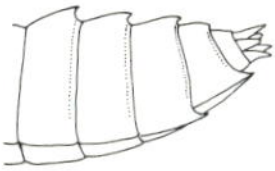

L–61

– Segment 9 ohne deutliche Lateraldorne. 45

43 Segment 3 – 7 (– 8) mit schwachen Dorsaldornen (L–61).

Cordulia aenea (S. 210)

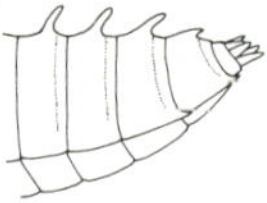

L–62

– Segment 3 – 9 mit Dorsaldornen, die auf den hinteren Segmenten sehr deutlich sind (L–62). 44

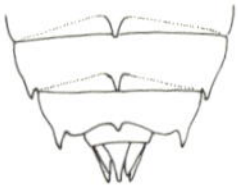

L–63

44 Lateraldorne an Segment 9 kurz, kaum länger als die an Segment 8 (L–63).
Somatochlora metallica (S. 212)

L–64

– Lateraldorne an Segment 9 lang, wesentlich länger als die an Segment 8 (L–64).
Somatochlora flavomaculata (S. 214)

45 Abdomen mit schwachen Dorsaldornen auf den Segmenten 4 – 8.
Libellula depressa (S. 224)

– Abdomen ohne Dorsaldorne. 46

46 Abdomen oben lang behaart, auch auf der Segmentfläche.
Somatochlora arctica (S. 218)

– Längere Haare nur an den Hinterrändern der Segmente.
Somatochlora alpestris (S. 216)

links Mitte: *Somatochlora metallica*
links unten: *Somatochlora flavomaculata*
rechts oben: *Somatochlora arctica*
rechts Mitte: *Somatochlora alpestris*

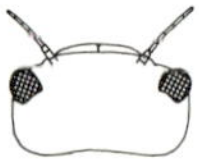

L–65

47 Kopf hinter den Augen breit (L–65). 48

L–66

– Kopf hinter den Augen deutlich verschmälert (L–66). 52

48 Segmente 7 und 8 mit Dorsaldornen. 49

– Segmente 7 und 8 ohne Dorsaldorne. 50

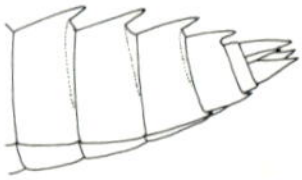

L–67

49 Dorsaldorne lang (L–67).
Libellula fulva (S. 226)

links unten: *Libellula depressa*
rechts oben: *Libellula quadrimaculata*
rechts Mitte: *Libellula fulva*

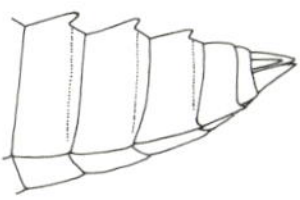

L–68

– Dorsaldorne kurz (L–68).
Libellula quadrimaculata (S. 222)

50 Larve länger als 20 mm. Auf den Segmenten 7 – 9 je 2 dunkle, dreieckige Flecke. Dorsaldorne auf den Segmenten 4 – 6.
Orthetrum cancellatum (S. 232)

– Sehr ähnlich der Larve von O. *cancellatum*, aber ohne Dorsaldorne.
Orthetrum albistylum (S. 234)

– Larve höchstens 20 mm lang. Abdomen ohne auffallende Zeichnungen. 51

rechts Mitte: *Orthetrum brunneum*
rechts unten: *Orthetrum coerulescens*

51 Pronotum oben mit deutlichem, hellem Längsband.
Orthetrum brunneum (S. 230)

– Pronotum ohne auffallendes Längsband.
Orthetrum coerulescens (S. 228)

52 Ventralseite des Abdomens ohne dunkle Flecke. 53

– Ventralseite des Abdomens dunkel gefleckt oder überwiegend dunkel. 56

links oben: *Orthetrum cancellatum*
links Mitte: *Orthetrum albistylum*

53 Abdomen ohne Dorsaldorne. Segmente 8 und 9 mit sehr kurzen Lateraldornen (L–69). 54

– Abdomen mit Dorsaldornen. Lateraldorne der Segmente 8 und 9 länger. 55

54 Abdomen an den Seiten hell gefleckt, sonst fast ohne Zeichnung.
Crocothemis erythraea (S. 236)

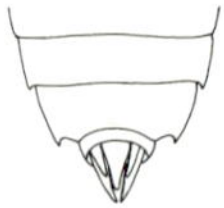

L–69

– Abdomen mit 2 unscharf begrenzten, dunklen Längsbinden.
Sympetrum fonscolombei (S. 242)

55 Segment 8 ohne oder mit rudimentärem Dorsaldorn. 56

– Segment 8 mit Dorsaldorn. 57

56 Körperlänge höchstens 17 mm.
Sympetrum danae (S. 254)

– Körperlänge mindestens 19 mm.
Leucorrhinia albifrons (S. 258), s. auch 62

links unten: *Crocothemis erythraea*
rechts oben: *Sympetrum fonscolombei*
rechts Mitte: *Sympetrum danae*

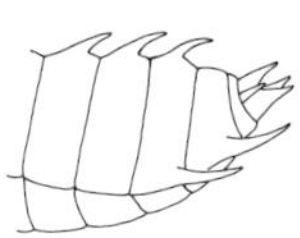

L–70

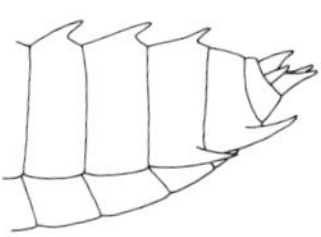

L–71

57 Dorsaldorne mindestens halb so lang wie die Segmente (L–70). 58

– Dorsaldorne kürzer als halbe Segmentlänge (L–71). 60

58 Lateraldorne an den Segmenten 6 – 9.
Leucorrhinia caudalis (S. 256), s. auch 62

– Lateraldorne nur an den Segmenten 8 und 9. 59

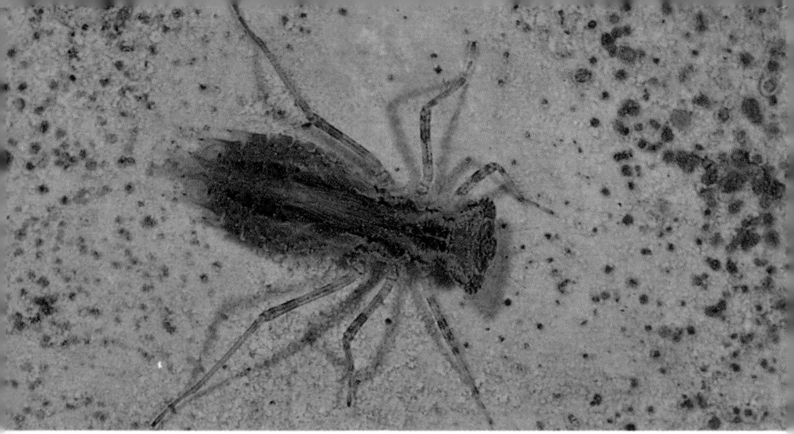

59 Lateraldorne des 9. Segments länger als dieses.
Sympetrum depressiusculum (S. 250)

– Lateraldorne des 9. Segments kürzer als dieses.
Sympetrum pedemontanum (S. 252)

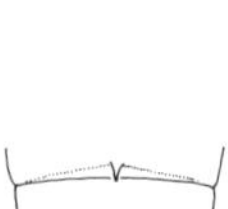

L–72

60 Lateraldorne des 9. Segments etwa halb so lang wie dieses (L–72).
Sympetrum flaveolum (S. 246)

L–73

– Lateraldorne des 9. Segments etwa so lang wie dieses (L–73).
Sympetrum vulgatum (S. 238)
oder *Sympetrum striolatum* (S. 240)
oder *Sympetrum sanguineum* (S. 248)

links oben: *Sympetrum depressiusculum*
rechts Mitte: *Sympetrum flaveolum*
rechts unten: *Sympetrum vulgatum*

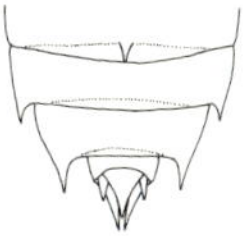

L–74

61 Lateraldorne an Segment 9 länger als die Cerci (L–74). 62

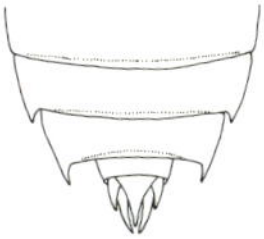

L–75

– Lateraldorne an Segment 9 kürzer als die Cerci (L–75). 63

links Mitte:
Leucorrhinia caudalis
links unten:
Leucorrhinia albifrons
rechts oben:
Leucorrhinia rubicunda
rechts Mitte:
Leucorrhinia dubia
rechts unten:
Leucorrhinia pectoralis

62 Dorsaldorne auch auf den Segmenten 8 und 9.
Leucorrhinia caudalis (S. 256)

– Segmente 8 und 9 ohne Dorsaldorne.
Leucorrhinia albifrons (S. 258)

63 Abdomen ohne Dorsaldorne.
Leucorrhinia rubicunda (S. 262)

– Dorsaldorne an den Segmenten 4 – 6.
Leucorrhinia dubia (S. 260)

– Dorsaldorne an den Segmenten 3 – 8.
Leucorrhinia pectoralis (S. 264)

Übersicht der behandelten Arten und ihrer Verbreitung

Unterordnung Zygoptera (Kleinlibellen)

	Verbreitungsgebiet*						Beschreibung S.
	D	A	CH	F	B	NL	
Familie Calopterygidae (Prachtlibellen)							
Calopteryx splendens (Gebänderte Prachtlibelle)	+	+	+	+	+	+	106
Calopteryx virgo (Blauflügel-Prachtlibelle)	+	+	+	+	+	+	108
Calopteryx haemorrhoidalis (Rote Prachtlibelle)	–	–	–	+	–	–	110
Familie Lestidae (Teichjungfern)							
Lestes sponsa (Gemeine Binsenjungfer)	+	+	+	+	+	+	112
Lestes dryas (Glänzende Binsenjungfer)	+	+	+	+	+	+	114
Lestes virens (Kleine Binsenjungfer)	+	+	+	+	+	+	116
Lestes viridis (Weidenjungfer)	+	+	+	+	+	+	118
Lestes barbarus (Südliche Binsenjungfer)	+	+	+	+	+	+	120
Lestes macrostigma (Dunkle Binsenjungfer)	(+)	+	–	+	–	–	120
Sympecma fusca (Gemeine Winterlibelle)	+	+	+	+	+	+	122
Sympecma paedisca (Sibirische Winterlibelle)	+	+	+	+	+	+	124
Familie Platycnemidae (Federlibellen)							
Platycnemis pennipes (Gemeine Federlibelle)	+	+	+	+	+	+	126
Platycnemis latipes (Weiße Federlibelle)	–	–	–	+	–	–	128

*) incl. Vermehrungsgäste; Irrgäste und frühere Vorkommen in Klammern

	Verbreitungsgebiet*						Beschreibung S.
	D	A	CH	F	B	NL	
Familie Coenagrionidae (Schlanklibelle)							
Pyrrhosoma nymphula (Frühe Adonislibelle)	+	+	+	+	+	+	130
Ceriagrion tenellum (Späte Adonislibelle)	+	+	+	+	+	+	132
Ischnura elegans (Große Pechlibelle)	+	+	+	+	+	+	134
Ischnura pumilio (Kleine Pechlibelle)	+	+	+	+	+	+	136
Enallagma cyathigerum (Becher-Azurjungfer)	+	+	+	+	+	+	138
Coenagrion puella (Hufeisen-Azurjungfer)	+	+	+	+	+	+	140
Coenagrion pulchellum (Fledermaus-Azurjungfer)	+	+	+	+	+	+	142
Coenagrion hastulatum (Speer-Azurjungfer)	+	+	+	+	+	+	144
Coenagrion lunulatum (Mond-Azurjungfer)	+	+	+	+	+	+	146
Coenagrion mercuriale (Helm-Azurjungfer)	+	(+)	+	+	+	(+)	148
Coenagrion ornatum (Vogel-Azurjungfer)	+	+	(+)	+	–	–	150
Coenagrion scitulum (Gabel-Azurjungfer)	+	+	–	+	(+)	–	152
Coenagrion caerulescens	–	–	–	+	–	–	154
Coenagrion armatum (Hauben-Azurjungfer)	+	–	–	–	–	(+)	156
Coenagrion hylas freyi (Bileks-Azurjungfer)	(+)	+	–	–	–	–	158
Cercion lindeni (Pokal-Azurjungfer)	+	+	+	+	+	+	160
Erythromma najas (Großes Granatauge)	+	+	+	+	+	+	162
Erythromma viridulum (Kleines Granatauge)	+	+	+	+	+	+	164
Nehalennia speciosa (Zwerglibelle)	+	+	+	–	+	(+)	166

Unterordnung Anisoptera (Großlibellen)

	Verbreitungsgebiet*						Beschreibung S.
	D	A	CH	F	B	NL	
Familie Aeshnidae (Edellibellen)							
Brachytron pratense (Kleine Mosaikjungfer)	+	+	+	+	+	+	168
Aeshna caerulea (Alpen-Mosaikjungfer)	+	+	+	+	–	–	170
Aeshna mixta (Herbst-Mosaikjungfer)	+	+	+	+	+	+	172
Aeshna affinis (Südliche Mosaikjungfer)	+	+	+	+	(+)	(+)	174
Aeshna juncea (Torf-Mosaikjungfer)	+	+	+	+	+	+	176
Aeshna subarctica (Hochmoor-Mosaikjungfer)	+	+	+	–	+	+	178
Aeshna cyanea (Blaugrüne Mosaikjungfer)	+	+	+	+	+	+	180
Aeshna viridis (Grüne Mosaikjungfer)	+	(+)	–	–	–	+	182
Aeshna grandis (Braune Mosaikjungfer)	+	+	+	+	+	+	184
Anaciaeschna isosceles (Keilflecklibelle)	+	+	+	+	+	+	186
Boyeria irene (Geisterlibelle)	–	–	+	+	–	–	186
Anax imperator (Große Königslibelle)	+	+	+	+	+	+	188
Anax parthenope (Kleine Königslibelle)	+	+	+	+	+	(+)	190
Hemianax ephippiger (Schabrackenlibelle)	(+)	(+)	+	+	(+)	–	190

	Verbreitungsgebiet*						Beschreibung S.
	D	A	CH	F	B	NL	
Familie Gomphidae (Flußjungfern)							
Gomphus vulgatissimus	+	+	+	+	+	+	192
(Gemeine Keiljungfer)							
Gomphus pulchellus	+	–	+	+	+	+	194
(Westliche Keiljungfer)							
Gomphus flavipes	+	(+)	(+)	+	–	(+)	196
(Asiatische Keiljungfer)							
Gomphus simillimus	+	–	+	+	+	–	198
(Gelbe Keiljungfer)							
Ophiogomphus serpentinus	+	+	+	+	–	(+)	200
(Grüne Keiljungfer)							
Onychogomphus forcipatus	+	+	+	+	+	(+)	202
(Kleine Zangenlibelle)							
Onychogomphus uncatus	(+)	–	(+)	+	(+)	–	204
(Große Zangenlibelle)							
Familie Cordulegasteriade (Quelljungfern)							
Cordulegaster boltoni	+	+	+	+	+	+	206
(Zweigestreifte Quelljungfer)							
Cordulegaster bidentatus	+	+	+	+	+	–	208
(Gestreifte Quelljungfer)							
Cordulegaster heros	–	+	–	–	–	–	208
Familie Corduliidae (Falkenlibellen)							
Cordulia aenea	+	+	+	+	+	+	210
(Gemeine Smaragdlibelle)							
Somatochlora metallica	+	+	+	+	+	+	212
(Glänzende Smaragdlibelle)							
Somatochlora flavomaculata	+	+	+	+	+	+	214
(Gefleckte Smaragdlibelle)							
Somatochlora alpestris	+	+	+	+	–	–	216
(Alpen-Smaragdlibelle)							
Somatochlora arctica	+	+	+	+	+	+	218
(Arktische Smaragdlibelle)							
Oxygastra curtisi	(+)	–	+	+	(+)	(+)	220
(Gekielte Smaragdlibelle)							
Epitheca bimaculata	+	+	+	+	+	(+)	220
(Zweifleck)							

	Verbreitungsgebiet*						Beschreibung S.
	D	A	CH	F	B	NL	
Familie Libellulidae (Segellibellen)							
Libellula quadrimaculata (Vierfleck)	+	+	+	+	+	+	222
Libellula depressa (Plattbauch)	+	+	+	+	+	+	224
Libellula fulva (Spitzenfleck)	+	+	+	+	+	+	226
Orthetrum coerulescens (Kleiner Blaupfeil)	+	+	+	+	+	+	228
Orthetrum brunneum (Südlicher Blaupfeil)	+	+	+	+	+	(+)	230
Orthetrum cancellatum (Großer Blaupfeil)	+	+	+	+	+	+	232
Orthetrum albistylum (Östlicher Blaupfeil)	+	+	+	+	–	–	234
Crocothemis erythraea (Feuerlibelle)	+	+	+	+	+	(+)	236
Sympetrum vulgatum (Gemeine Heidelibelle)	+	+	+	+	+	+	238
Sympetrum striolatum (Große Heidelibelle)	+	+	+	+	+	+	240
Sympetrum fonscolombei (Frühe Heidelibelle)	+	+	+	+	+	+	242
Sympetrum meridionale (Südliche Heidelibelle)	+	+	+	+	(+)	(+)	244
Sympetrum flaveolum (Gefleckte Heidelibelle)	+	+	+	+	+	+	246
Sympetrum sanguineum (Blutrote Heidelibelle)	+	+	+	+	+	+	248
Sympetrum depressiusculum (Sumpf-Heidelibelle)	+	+	+	+	+	+	250
Sympetrum pedemontanum (Gebänderte Heidelibelle)	+	+	+	+	+	+	252
Sympetrum danae (Schwarze Heidelibelle)	+	+	+	+	+	+	254
Leucorrhinia caudalis (Zierliche Moosjungfer)	+	+	+	+	+	(+)	256

	Verbreitungsgebiet*						Beschreibung S.
	D	A	CH	F	B	NL	
Leucorrhinia albifrons (Östliche Moosjungfer)	+	+	+	+	–	(+)	258
Leucorrhinia dubia (Kleine Moosjungfer)	+	+	+	+	+	+	260
Leucorrhinia rubicunda (Nordische Moosjungfer)	+	+	?	+	+	+	262
Leucorrhinia pectoralis (Große Moosjungfer)	+	+	+	+	+	+	264

Familie Calopterygidae – Prachtlibellen

Die Prachtlibellen sind mit 6 bis 7 cm Flügelspannweite und ca. 5 cm Körperlänge unsere größten Kleinlibellen. Den Männchen fehlt ein Flügelmal; die Weibchen besitzen ein „falsches“ weißes Pterostigma (im Gegensatz zum „echten“ ist es von Adern durchzogen). In Mitteleuropa kommen 2 Arten vor, im Süden 2 weitere, von denen eine auch abgebildet wird. Alle Arten entwickeln sich nur in Fließgewässern.

Calopteryx splendens Harris 1782
Gebänderte Prachtlibelle

Das Männchen der Gebänderten Prachtlibelle ist unverkennbar: Die grünlich getönten Flügel sind mit einer breiten, schwarzblau schillernden Binde gezeichnet, die die Flügelbasis und -spitze freiläßt. Der Körper schillert leuchtend blaugrün. Die letzten drei Hinterleibssegmente sind auf der Unterseite weiß gefärbt. Das Weibchen besitzt grünlich getönte Flügel mit ebenso gefärbten Adern. Der Körper schillert grün bis bronzefarben. Das abgebildete Weibchen ist noch nicht voll ausgefärbt; es fehlt noch das auffallende weiße Flügelmal. Die Flugzeit reicht von Ende Mai bis August/September. *Calopteryx splendens* lebt vor allem an langsam fließenden Bächen und Flüssen, besonders an solchen mit sandigem Untergrund und
3 sonnigen Ufern. Durch Begradigungen und Gewässerverschmutzung ist die Art deutlich zurückgegangen. Sie gilt derzeit als gefährdet.
C. splendens hat ein ausgeprägtes Balzverhalten (BUCHHOLZ 1951, HEYMER 1973). Die Männchen besetzen Reviere, die sie gegen Eindringlinge verteidigen. Sobald ein Weibchen auftaucht, zeigt das Männchen zunächst mit seiner hochgebogenen Abdomenspitze („weißes Schlußlicht“) einen günstigen Eiablageplatz und umwirbt es dann mit einem hin- und herpendelnden Balzflug. Nach der Paarung legt das Weibchen die Eier in flutende Wasserpflanzen; hierzu taucht es vielfach unter die Wasseroberfläche hinab. Das Männchen „bewacht“ den Ort der Eiablage von einer Sitzwarte aus. Bemerkungen zur **Larve** (S. 65 Mitte) finden sich bei der folgenden Art. In Südeuropa kommt noch die ähnliche *Calopteryx xanthostoma* Charpentier 1825 vor. Beim Männchen dieser Art reicht die dunkle Binde bis zur Flügelspitze.

Calopteryx splendens ♂, Oberfahlheim BS 1. 7. 86
Calopteryx splendens, junges ♀, Oberfahlheim BS 1. 7. 86

Familie Calopterygidae – Prachtlibellen

Calopteryx virgo Linné 1758
Blauflügel-Prachtlibelle

Beim Männchen der Blauflügel-Prachtlibelle wird nahezu die gesamte Flügelfläche von einer blauschwarz schillernden Färbung überzogen. Nur die äußerste Spitze bleibt meistens auf einer Länge von 2 bis 5 mm durchsichtig (auf dem Foto nicht sichtbar). Die Flügel sind etwas breiter als bei der vorangegangenen Art. Die letzten drei Bauchsegmente sind leuchtend hellrot gefärbt. Die Flügel des Weibchens weisen eine deutliche Brauntönung und braune Adern auf. Die Weibchen der beiden heimischen *Calopteryx*-Arten sind aber, besonders bei Blitzlichtaufnahmen, nicht immer leicht zu unterscheiden. Die Flugzeit beginnt Mitte Mai und reicht bis in den August.

Calopteryx virgo kommt oft zusammen mit *C. splendens* vor. Sie bevorzugt allerdings schmälere Bäche mit höherer Fließgeschwindigkeit. Man findet sie vor allem an solchen Bächen, die neben
3 sonnigen auch schattige Uferpartien aufweisen. Gegen Verschmutzungen und Gewässerverbauung ist sie noch empfindlicher als die vorangegangene Art. Vielerorts zählt sie daher schon zu den größten Seltenheiten. Sie wird z. Z. als gefährdet eingestuft.

Auch bei dieser Art besetzen die Männchen Reviere entlang der Bachufer und umwerben die Weibchen mit auffallenden Balztänzen. Das Männchen signalisiert den günstigen Eiablageort mit seinem hellrot leuchtenden „Schlußlicht“.

Calopteryx-**Larven** sind durch ihre stabförmige Gestalt und die sehr langen Beine unverkennbar. Sie bewegen sich aber wenig und werden dadurch im Wasserkescher leicht übersehen. Die Larve von *C. virgo* (S. 65 unten) ist nicht ganz leicht von der *splendens*-Larve zu unterscheiden. Die einzelnen Trennungsmerkmale sind dem Larvenschlüssel zu entnehmen. Das beste Merkmal im Gelände scheint mir die Länge der Fühlerglieder zu sein. Die Larven beider Arten leben vor allem im Uferbereich der Fließgewässer unter ins Wasser hängenden Pflanzenpolstern, Baumwurzeln und dergleichen. Sie sind vorwiegend dämmerungs- und nachtaktiv und brauchen zu ihrer Entwicklung vermutlich 2 Jahre.

Im Mittelmeergebiet lebt die Unterart *C. virgo meridionalis*, die von einigen Autoren als eigene Art angesehen wird. Bei ihr überzieht die dunkle Färbung auch die Flügelspitze des Männchens.

Calopteryx virgo ♂, Unterfahlheim BS 29. 7. 86
Calopteryx virgo ♀, Unterfahlheim BS 16. 6. 86

Familie Calopterygidae – Prachtlibellen

Calopteryx haemorrhoidalis Van der Linden 1825
Rote Prachtlibelle

Die Rote Prachtlibelle unterscheidet sich recht deutlich von den übrigen *Calopteryx*-Arten. Beim Männchen glänzt der Körper mit einem deutlichen Rotschiller, und die Flügel sind mit Ausnahme einer schmalen durchscheinenden Zone an der Basis und Spitze dunkelbraun gefärbt (ohne deutlichen Blauschiller). Das „Schlußlicht" an den hinteren Bauchsegmenten leuchtet grell karminrot, noch intensiver als bei *Calopteryx virgo*. Das Weibchen hat eine grünschillernde bis kupferne Körperfärbung und bräunlich getönte Flügel mit scharf abgesetzten, dunkelbraunen Spitzen an den Hinterflügeln. Die Flugzeit ist sehr lang: sie beginnt oft schon im April und endet meist erst im September. Wie Markierungsversuche gezeigt haben, leben die Einzeltiere aber nur etwa 4 bis 6 Wochen (HEYMER 1973).

Calopteryx haemorrhoidalis fehlt in Mitteleuropa. Im Mittelmeergebiet ist sie vielerorts häufig. Sie kommt oft gemeinsam mit anderen *Calopteryx*-Arten vor; am unteren Verdon (Südfrankreich) traf ich sogar alle 4 Arten nebeneinander an. *C. haemorrhoidalis* stellt hohe Ansprüche an die Wasserqualität.

Die Art unterscheidet sich im Verhalten nicht wesentlich von den anderen Vertretern der Gattung. Nach HEYMER (1973) gibt es allerdings auch einige Unterschiede. So ist beispielsweise das Zeigen des Eiablageplatzes zu Beginn des Werbezeremoniells hier besonders auffallend: Das Männchen führt vor dem Weibchen auf der Wasseroberfläche mit weit hochgebogener Abdomenspitze einen Rundtanz auf, bei dem das Weibchen ihm nachfolgt. Dieser Rundtanz ähnelt in auffallender Weise dem Rundtanz der Honigbiene.

Die **Larve** ähnelt sehr derjenigen von *Calopteryx splendens*. Sie läßt sich derzeit noch nicht sicher von dieser trennen.

Calopteryx haemorrhoidalis ♂, Manosque Pr 8. 7. 86
Calopteryx haemorrhoidalis ♀, Manosque Pr 8. 7. 86

Familie Lestidae – Teichjungfern

Die Teichjungfern sind grünmetallische bis bronzefarbene Kleinlibellen, die ihre Flügel in Ruhelage schräg abspreizen (nur *Sympecma* schließt die Flügel). Das Flügelmal steht vor 2 bis 4 Zellen (S–3). In Europa kommen 8 Arten vor, die auch alle in Mitteleuropa auftreten.

Lestes sponsa Hansemann 1823
Gemeine Binsenjungfer

Die Gemeine Binsenjungfer hat eine grünmetallische (beim Weibchen oft kupferne) Grundfärbung. Das Flügelmal ist schwarzbraun. Beim Männchen sind die unteren Anhänge stiftförmig, gerade und fast so lang wie die oberen (S–12). Das Abdomen des ausgefärbten Männchens ist oben auf den Segmenten 1 bis 2 und 8 bis 10 hellblau bereift. Beim Weibchen überragt der Legebohrer nicht das letzte Segment (S–13). Die Flugzeit reicht von Ende Juni bis September/Oktober.

Lestes sponsa ist bei uns häufig. Sie lebt vor allem an Teichen und Tümpeln mit reicher Binsen- oder Schachtelhalmvegetation. Oft handelt es sich um Gewässer, die regelmäßig austrocknen bzw. abgelassen werden (Fischteiche).

Nach der Paarung begleitet das Männchen sein Weibchen als Tandem zur Eiablage. Die Partner setzen sich übereinander an senkrechte, aus dem Wasser ragende Halme („Lestes-Typ“ der Eiablage). Während das Paar langsam hinabschreitet, schiebt das Weibchen mit dem Legebohrer die Eier ins Mark des Pflanzenstengels. Oft sieht man die Paare dabei für längere Zeit untertauchen (S. 18 links unten). Die Eier überwintern.

Die **Larve** schlüpft im Frühjahr und entwickelt sich in 2 bis 3 Monaten zur fertigen Libelle. Die *sponsa*-Larve (S. 67 Mitte) besitzt dunkel gebänderte, am Ende abgerundete Kiemenblättchen. Wie bei allen Lestiden zweigen die Seitenadern fast rechtwinklig von der Mittelader ab (L–14).

 Lestes sponsa, Paarungsrad, Ingstetten BS 23. 9. 86

Familie Lestidae – Teichjungfern

Lestes dryas Kirby 1890
Glänzende Binsenjungfer

Die Glänzende Binsenjungfer ähnelt sehr der vorangegangenen Art. Sie ist etwas größer (gut 40 gegenüber ca. 35 mm Körperlänge) und robuster als diese. In der Färbung gleicht sie ihr weitgehend, nur überzieht hier beim Männchen die blaue Bereifung nur die vordere Hälfte des 2. Abdominalsegments (ein gutes Merkmal für die Bestimmung nach Fotos!). Die unteren Anhänge des Männchens sind hinten etwas löffelförmig verbreitert und nach innen gebogen (S–14, auch am nebenstehenden Foto gut zu sehen!). Beim Weibchen überragt der kräftige Legebohrer das letzte Hinterleibssegment (S–15). Die Flugzeit beginnt etwas früher als bei *L. sponsa*, Anfang bis Mitte Juni, und reicht bis in den September.

Lestes dryas ist wesentlich seltener als *L. sponsa* (mit der sie aber oft zusammen vorkommt). Ihr typischer Lebensraum sind pflanzenreiche, stehende Flachgewässer mit stark schwankendem Wasserstand, vor allem Überschwemmungsflächen, die im Frühjahr einige
3 Monate überflutet werden und ab Juni/Juli trockenfallen. Da ihre Ansprüche heute nur noch selten erfüllt werden, wird die Art in der Roten Liste als gefährdet eingestuft.

In ihrem Eiablageverhalten ähnelt *L. dryas* der vorangegangenen Art. Sie legt allerdings, sofern ihr Entwicklungsgewässer nicht ohnehin trockengefallen ist, meist am Ufer in Binsenvegetation die Eier ab. Ein Untertauchen während der Eiablage wurde bei dieser Art niemals beobachtet.

Die **Larven** entwickeln sich sehr schnell (in etwa 2 Monaten) aus den in den Pflanzenstengeln überwinternden Eiern. Sie sind durch ihre lanzettförmig verschmälerten Kiemenblättchen leicht von den *sponsa*-Larven zu unterscheiden (S. 68 oben).

Lestes dryas ♂, Riedheim BS 25. 7. 83

Familie Lestidae – Teichjungfern

Lestes virens Charpentier 1825
Kleine Binsenjungfer

Die Kleine Binsenjungfer ist etwas kleiner und zarter als die übrigen Arten der Gattung (30 bis 35 mm Körperlänge). Bei dieser Art ist der Kopf hinten nach unten hin zwischen den Augen scharf abgesetzt gelb gefärbt (S–9), und das bräunliche Flügelmal ist außen von weißen Flügeladern begrenzt. Beim Männchen sind die unteren Anhänge viel kürzer als die oberen. Die blaue Bereifung des Männchens ist nur auf den Segmenten 9 und 10 entwickelt, auf den vorderen Segmenten fehlt sie. Die Art fliegt später als die anderen *Lestes*-Arten. Die Tiere schlüpfen zwar ab Juli, erscheinen aber meist erst im August/September wieder an den Gewässern, wo sie bis in den Oktober zu beobachten sind.

Lestes virens fliegt vor allem an sauren, flachen Moorgewässern. Gelegentlich kommt sie auch in Sandgruben und an Fischteichen
3 vor. An ihren Fundorten findet man fast immer auch andere *Lestes*-Arten. Wegen ihrer deutlich rückläufigen Bestandsentwicklung gilt *L. virens* als gefährdet.

Die Eier werden in Binsen, Igelkolben und anderen aufragenden Wasser- und Uferpflanzen abgelegt. Wie bei allen anderen Binsenjungfern sind die Eier das Überwinterungsstadium. Die **Larven** dieser Art erinnern in der Form der Kiemenblättchen sehr an die der Gemeinen Binsenjungfer, sind aber insgesamt blasser und weniger kontrastreich gezeichnet. Die Kiemenblättchen sind, wenn überhaupt, nur ganz schwach quergebändert.

Lestes virens ♂, Ramsberg Fr 7. 9. 85
Lestes virens ♀, Ramsberg Fr. 7. 9. 85

X

Familie Lestidae – Teichjungfern

Lestes viridis Van der Linden 1825
Weidenjungfer
(= Chalcolestes viridis)

Die Weidenjungfer unterscheidet sich von den übrigen *Lestes*-Arten durch das einfarbig hellbraune Flügelmal. Der Körper ist grünmetallisch bis kupfern gefärbt, ohne blaue Bereifung. Von unausgefärbten *L. sponsa* und *L. dryas*, die ebenfalls ein helles Pterostigma und grünmetallische Färbung besitzen, läßt sich das Männchen durch die sehr kurzen unteren Anhänge (S–10), das Weibchen durch die unten gezähnte Legeröhre (S–11) unterscheiden. Mit 45 mm Körperlänge ist *L. viridis* außerdem etwas größer. Die Flugzeit beginnt Anfang Juli, aber meist sieht man die Art erst im September und Oktober an den Gewässern bei der Eiablage.

Lestes viridis lebt vorzugsweise an Fischteichen, Baggerseen und ähnlichen künstlichen Gewässern mit Erlen- oder Weidengebüschen am Ufer. Sie ist in Deutschland nach *L. sponsa* die häufigste Teichjungfer und derzeit nicht gefährdet.

Das Verhalten dieser Art wurde von DREYER (1978) näher untersucht. Die Weibchen, die in einiger Entfernung vom Gewässer übernachten, fliegen am Morgen zum Wasser zurück. Auf ihrem Weg dorthin werden sie von den Männchen, die in einem Gebüschriegel vor dem Gewässer die Zweigspitzen besetzen, abgefangen und zur Paarung entführt. Danach fliegen die Tandems meistens zu besonders bevorzugten Ufersträuchern (meist Weiden oder Erlen) mit übers Wasser ragenden Zweigen. Durch die Bevorzugung bestimmter Büsche kommt es bisweilen an besonders begehrten Zweigen zur Ansammlung von Dutzenden legender Paare. Hin und wieder finden sich in solchen Ansammlungen auch Weibchen, die allein ablegen (s. Abbildung). Bemerkenswert ist, daß die Art ihre Eier nur in Holzgewächsen ablegt.

Die Eilogen sind später als leichte Anschwellungen der Zweige deutlich zu erkennen (S. 23 oben links). Die Eier können unter der Rinde Temperaturen bis unter –30° C ertragen. Im April schlüpft durch das bei der Eiablage entstandene Loch in der Rinde die ca. 2 mm große Prolarve (S. 23 unten), die sich nach unten – ins Wasser – fallen läßt und dort zur richtigen Larve häutet. Die **Larve** (S. 66 unten) ist robuster als die anderen *Lestes*-Larven, mit breiten Kiemenblättchen und einer auffallend kurzen Fangmaske.

Lestes viridis, 3 Paare und ein ♀ bei der Eiablage, Kufstein Ti 3. 9. 86, Fot. G. Lehmann

Familie Lestidae – Teichjungfern

Lestes barbarus Fabricius 1798
Südliche Binsenjungfer

Die Südliche Binsenjungfer ist in beiden Geschlechtern durch das zweifarbige Flügelmal (innen braun, außen weiß) leicht zu erkennen. Im Vergleich zu den anderen *Lestes*-Arten fällt die ausgedehnte weißliche Zeichnung der Körperseiten auf; am Hinterleibsende reicht sie bis zur Oberseite und schließt auch die Anhänge mit ein. Eine blaue Bereifung fehlt weitgehend. Die Flugzeit beginnt Ende Juni, im Süden schon Anfang Mai und reicht bis in den Oktober.

Die mediterrane Art ist ausgesprochen wanderfreudig und besiedelt gern neu entstandene Kleingewässer. Sie kommt aber auch an pflanzenreichen Überschwemmungsgewässern vor. Ihre Häufigkeit schwankt auffallend von Jahr zu Jahr: In günstigen Sommern vermehrt sie sich stark, kann dann aber nach kalten Wintern
2 gebietsweise wieder völlig verschwinden. In der Roten Liste wird sie als stark gefährdet eingestuft.

Lestes macrostigma Eversmann 1836
Dunkle Binsenjungfer

Auch bei der Dunklen Binsenjungfer bildet das Pterostigma ein wichtiges Merkmal: es ist auffallend groß und steht vor 3 bis 4 Flügelzellen (bei allen übrigen Lestiden nur vor 2). Der Körper ist blauschwarz gefärbt und bei beiden Geschlechtern (!) im Alter an Hinterleibsbasis und -ende sowie am Thorax blau bereift. Die Flugzeit reicht von Mai/Juni bis September.

Die Art kommt besonders an salzhaltigen Steppengewässern vor. Ihr Hauptverbreitungsgebiet liegt in Südosteuropa und erreicht im Gebiet des Neusiedler Sees Mitteleuropa; sie fliegt aber z. B. auch in Südfrankreich (Camargue), Spanien und Italien. Für Deutschland wurde sie bisher dreimal in Bayern nachgewiesen. Sie gilt bei uns als
V Vermehrungsgast, wurde aber in neuerer Zeit nicht mehr beobachtet.

Lestes barbarus ♂, Gerlenhofen BS 15. 8. 85
Lestes macrostigma ♀, Salin des Badon Ca 24. 6. 85

Familie Lestidae – Teichjungfern

Sympecma fusca Van der Linden 1820
Gemeine Winterlibelle

Die Gemeine Winterlibelle hat eine hellbraune Grundfärbung mit dunkelbraunen, kupfern irisierenden Zeichnungen. Auf der Oberseite des Abdomens besteht die dunkle Zeichnung aus lanzettförmigen Flecken, genau wie beim Weibchen von *Enallagma.* Beide Geschlechter gleichen sich, mit Ausnahme der Hinterleibsanhänge, weitgehend. Anders als die *Lestes*-Arten legen die Winterlibellen ihre Flügel in Ruhelage zusammen.

Sympecma fusca kommt vor allem an Gewässern mit röhrichtbewachsenen Ufern vor, etwa an Altwassern, Baggerseen und auch an
3 Fischteichen. Sie meidet im allgemeinen höhere Lagen. Da ihre Bestände gebietsweise stark rückläufig sind, wird sie als gefährdet eingestuft.

S. fusca schlüpft im Juli oder August. Die Tiere paaren sich im Schlüpfjahr noch nicht, sondern suchen zum Herbst hin geschützte Überwinterungsquartiere, die oft weit entfernt von jedem Gewässer liegen. Im Raum Ulm liegt offensichtlich ein derartiges Winterquartier am Rande einer stillgelegten Bahnlinie. Der in Nord-Süd-Richtung verlaufende Bahndamm ist in das umgebende Gelände eingesenkt, also gegen West- und Ostwinde abgeschirmt. Hier sind in einem dichten Calamagrostis-Bestand von September bis November immer einzelne Winterlibellen anzutreffen. Nach kalten Nächten sind sie morgens vom Rauhreif überzogen (S. 2), werden aber im Sonnenschein wieder aktiv. Bei Winterbeginn verfallen sie in Kältestarre.

Im April kann man *S. fusca* wieder am Gewässer beobachten. Die Paare setzen sich in Tandemstellung zur Eiablage horizontal auf im Wasser schwimmende, abgestorbene Binsen- und Schilfhalme („*Sympecma*-Typ" der Eiablage, S. 19 oben). Die Libellen leben bis in den Mai, vereinzelt bis Mitte Juni.

Die **Larven** schlüpfen nach etwa 3 Wochen und entwickeln sich in 2 bis 3 Monaten. Die erwachsene Larve (S. 67 oben) ähnelt sehr der Weidenjungfer-Larve. Die Unterscheidungsmerkmale werden im Larvenschlüssel angeführt.

Sympecma fusca ♂, Unterfahlheim BS 29. 9. 85
Sympecma fusca ♀, Unterfahlheim BS 29. 9. 85

Familie Lestidae – Teichjungfern

Sympecma paedisca Eversmann 1836 **Sibirische Winterlibelle**

(= **S. braueri** Bianchi 1904)

Die Sibirische Winterlibelle ist sehr schwer von *Sympecma fusca* zu unterscheiden. Der auffallendste Unterschied liegt in der Thoraxzeichnung. Der obere dunkle Längsstreifen hat bei *S. fusca* einen durchgehenden, fast geraden Unterrand (S–5). Bei *S. paedisca* ist dieser Rand in der hinteren Hälfte in einen kleinen, aber auch an Fotos meist erkennbaren Zipfel ausgezogen (S–7). Die Männchen sind außerdem an den Hinterleibsanhängen zu unterscheiden. Bei *S. paedisca* sind die unteren Anhänge sehr kurz, kaum sichtbar (S–8), bei *S. fusca* dagegen fast halb so lang wie die oberen (S–6).

Sympecma paedisca hat ihren Verbreitungsschwerpunkt in Osteuropa, kommt aber z. B. auch in Holland vor. Die Art bevorzugt ähnliche Gewässer wie *S. fusca* und fliegt auch gelegentlich gemeinsam mit dieser. Ihr Verbreitungsschwerpunkt in Deutschland liegt im Alpenvorland, wo die andere Art weitgehend fehlt. Weitere Vorkommen sind aus dem Bodenseegebiet und aus Nordostbayern bekannt. Sehr selten kommt sie auch im norddeutschen Flachland
2 vor (Westfalen und westlich der Weser). Sie gilt als stark gefährdet.
Außer der Gemeinen Winterlibelle ist *S. paedisca* die einzige mitteleuropäische Libelle, die als Imago überwintert. Im Versuch überstand die Art dabei Temperaturen von – 17° C (PRENN 1928). Sie fliegt etwa zur gleichen Zeit wie die vorangegangene Art. Der Zeitpunkt der Eiablage liegt aber etwas später: Von Mitte Mai bis Anfang Juni findet man die meisten eierlegenden Paare. Die **Larve** läßt sich derzeit noch nicht sicher von der *fusca*-Larve trennen.

Sympecma paedisca ♂, Kramsach Ti 12. 9. 85
Sympecma paedisca ♀, Kramsach Ti 12. 9. 85

X

Familie Platycnemidae – Federlibellen

Die Federlibellen ähneln sehr den nachfolgenden Schlanklibellen (S. 128 ff.), zu denen sie früher gerechnet wurden. Sie sind an ihren deutlich verbreiterten, am Rand mit steifen Borsten besetzten Mittel- und Hinterschienen (S–16) zu erkennen. In Europa kommen 4 Arten vor, in Mitteleuropa 2.

Platycnemis pennipes Pallas 1771
Gemeine Federlibelle

Ein auffallendes Merkmal der Gemeinen Federlibelle sind die für die Familie typischen, flächig verbreiteten Mittel- und Hinterschienen. Das Männchen ist hellblau, das Weibchen cremefarben oder grünlich gefärbt. Jungtiere sind fast weiß. Beide Geschlechter sind auf der Oberseite der Abdominalsegmente mit jeweils zwei hinten verbreiterten, schwarzen Längsstreifen gezeichnet. Die Ausdehnung dieser Streifen ist individuell sehr verschieden; sie können z. B. auch verschmolzen oder zu zwei Punkten reduziert sein. Die Flugzeit beginnt Mitte Mai und erstreckt sich bis in den September. *Platycnemis pennipes* ist die einzige in Deutschland vorkommende Federlibelle. Sie lebt außer an stehenden auch an langsam fließenden Gewässern. Am häufigsten ist sie an pflanzenreichen Teichen und Gräben in den Flußtälern. Sie ist bei uns sehr verbreitet, wird aber nach Norden seltener.

Die Eiablage erfolgt in der gleichen Weise wie bei *Coenagrion puella:* das Männchen bleibt nach der Paarung am Prothorax des Weibchens verankert; während dieses Eier in untergetauchte Wasserpflanzen oder an der Wasseroberfläche schwimmende Pflanzenteile ablegt, steht das Männchen mit angezogenen Beinen steif aufrecht über der Partnerin.

Die verhältnismäßig trägen **Larven** (S. 68 Mitte) besitzen bunt gescheckte Kiemenblättchen, die an ihrer Spitze in einen langen, fadenförmigen Zipfel ausgezogen sind. Sie leben vor allem am Gewässergrund und überwintern meist im letzten Stadium. Die Entwicklung ist einjährig.

Die an der Ostküste der Adria vorkommende *Platycnemis nitidula* Brullé 1832 ähnelt sehr der Gemeinen Federlibelle (nicht abgebildet).

Platycnemis pennipes ♂, Oberfahlheim BS 29. 6. 85
Platycnemis pennipes, junges ♀, Oberfahlheim BS 1. 6. 85

Familie Platycnemidae – Federlibellen

Platycnemis latipes Rambur 1842
Weiße Federlibelle

Durch ihre weißliche, porzellanartige Grundfärbung könnte man die Weiße Federlibelle leicht mit einem Jungtier der vorangegangenen Art verwechseln. Die dunkle Zeichnung auf der Oberseite des Hinterleibs ist aber weniger ausgedehnt: Das Männchen besitzt nur auf den Segmenten 6 bis 10, das Weibchen auf den Segmenten 2 bis 7 dunkle Längsstreifen (die beim Weibchen außerdem sehr schmal sind). Die Schienen der Mittel- und Hinterbeine sind noch breiter als bei *P. pennipes.* Die Art fliegt von Juni bis August.

Platycnemis latipes lebt vorwiegend an Fließgewässern im westlichen Mittelmeergebiet (Südfrankreich, Spanien, Portugal). 1967 wurde sie im Elsaß ganz in der Nähe zur deutschen Grenze gefunden (HEYMER 1968). Dieser erstaunliche Fund in mehreren hundert Kilometern Entfernung zu den nächsten bekannten Vorkommen läßt vermuten, daß die Art sich in jüngster Zeit ausbreitet und möglicherweise auch in Deutschland auftaucht.

Die **Larve** (S. 68 unten) ähnelt sehr derjenigen der Gemeinen Federlibelle. Sie ist aber, soweit Aussagen nach den bisher recht spärlichen Funden möglich sind, insgesamt heller gefärbt und trägt auf den Kiemenblättchen nur eine schwache, dunklere Zeichnung in Form kleiner, unregelmäßig verteilter Flecken.

Platycnemis latipes ♂, Mas Thibert Ca 23. 6. 85
Platycnemis latipes ♀, Manosque Pr. 9. 7. 89

Familie Coenagrionidae – Schlanklibellen

Die Schlanklibellen ähneln auf den ersten Blick den Teichjungfern. Das Pterostigma steht bei ihnen aber nur vor einer Flügelzelle, und die Flügel werden in Ruhelage im allgemeinen zusammengelegt. Metallische Färbungen kommen nur bei wenigen Arten vor; dafür überwiegen hellblaue Farbtöne. In Europa kommen 22 Arten vor, von denen 18 auch in Deutschland zu finden sind.

Pyrrhosoma nymphula Sulzer 1776
Frühe Adonislibelle

Bei der Frühen Adonislibelle dominieren rote Färbungen: Die obere Hälfte der Augen, ein Längsstreifen auf dem Thorax und vor allem das Abdomen sind leuchtend blutrot. Beim Männchen ist das Abdomen ab dem 7. Segment oben schwarz gezeichnet, beim Weibchen auch davor. Die Beine sind einfarbig schwarz. Die Art fliegt als eine der frühesten Libellen schon ab Ende April bis in den August.

Pyrrhosoma nymphula bevorzugt pflanzenreiche Kleingewässer. Sie kommt recht häufig an Moortümpeln, kleinen Weihern, aber auch an langsam fließenden Gräben und Bächen vor.

Bei der Eiablage ist *P. nymphula* ungewöhnlich flexibel. Das Paar wählt zur Eiablage unterschiedlichste Substrate aus: An der Wasseroberfläche treibende Pflanzenteile werden ebenso angenommen wie untergetauchte Wasserpflanzen oder vertikal aufragende Pflanzenstengel. Dabei kann die Eiablage nach dem „*Sympecma*-Typ" (das Paar sitzt hintereinander auf horizontaler Unterlage), nach dem „*Lestes*-Typ" (das Paar sitzt übereinander auf vertikaler Unterlage), nach dem „*Coenagrion*-Typ" (das Männchen steht senkrecht auf dem horizontal orientierten Weibchen) oder nach einem „Übergangs-Typ" (das Männchen sitzt auf einer vertikalen, das Weibchen auf einer horizontalen Unterlage) erfolgen.

Die **Larve** (S. 69 oben) ist leicht zu erkennen. Der Körper ist breiter und gedrungener als bei allen anderen Kleinlibellenlarven. Die Kiemenblättchen sind kurz und breit; sie laufen in eine deutliche Spitze aus. Meistens tragen sie in der Endhälfte eine dunkle, oft x-förmige Zeichnung. Die Überwinterung erfolgt meist im letzten Larvenstadium.

Pyrrhosoma nymphula ♂, Oberfahlheim BS 19. 6. 85
Pyrrhosoma nymphula ♀, Rotenburg LH 6. 75

Familie Coenagrionidae – Schlanklibellen

Ceriagrion tenellum De Villers 1789
Späte Adonislibelle

Die Späte Adonislibelle ist etwas kleiner und zierlicher als die vorangegangene Art. Sie ist durch die hellroten Beine leicht von dieser zu unterscheiden. Beim Männchen ist das Abdomen einfarbig rot. Die Weibchen treten in vier verschiedenen Färbungsvarianten auf. Bei der häufigsten Farbform sind die vorderen 3 Segmente rot, dann folgen 5 schwarze Segmente, während die Hinterleibsspitze wieder rot ist (s. untere Abb.). Eine weitere Form ist wie das Männchen gefärbt, eine dritte fast einfarbig schwarz. Die letzte Form schließlich hat ein rotes Abdomen mit dunklen Endringen auf den mittleren Segmenten. Die Flugzeit beginnt Mitte Juni und reicht bis in den September.

Ceriagrion tenellum ist als typisch mediterrane Art in Mitteleuropa sehr anspruchsvoll. Sie ist bei uns nur von wenigen Fundorten bekannt. In der Lüneburger Heide lebt sie zusammen mit *Somatochlora arctica* in sauren Quellmooren, die durch dichte Torfmoospolster und üppige Bestände der Moorlilie (*Narthecium ossi-*
2 *fragum*) gekennzeichnet sind. Im Allgäu wurde sie zusammen mit *Cordulegaster boltoni* an Quellrinnsalen gefunden. Im klimatisch günstigeren Bodenseegebiet kommt sie auch an größeren Seen vor. Im Mittelmeergebiet, wo sie recht häufig ist, lebt sie vor allem an
G Fließgewässern. Bei uns ist die Art stark gefährdet, da die meist kleinflächigen Quellgebiete durch die umgebenden landwirtschaftlichen Nutzflächen stark geschädigt werden (Eutrophierung, Grundwasserabsenkung).

Die **Larve** (S. 70 oben) ähnelt durch ihre untersetzte Gestalt etwas der *Pyrrhosoma*-Larve. Wie diese besitzt sie einen auffallend eckigen Hinterkopf. Das beste Unterscheidungsmerkmal sind die Kiemenblättchen: Diese sind noch kürzer, nur schwach gezeichnet und deutlich in eine am Rand bedornte Basalhälfte und eine bewimperte Spitzenhälfte getrennt. Man findet die *Ceriagrion*-Larven z. B. in dichten Torfmoosrasen, wo sie auch, meist im vorletzten Stadium, überwintern.

Ceriagrion tenellum ♂, Eggersmühlen LH 23. 7. 80
Ceriagrion tenellum ♀, Manosque Pr 21. 7. 86

Familie Coenagrionidae – Schlanklibellen

Ischnura elegans Van der Linden 1820
Große Pechlibelle

Das Männchen der Großen Pechlibelle besitzt an Thorax, Abdomenbasis und Abdomenspitze eine hellblaue Grundfärbung. Die Segmente 3 bis 6 sind unten gelblich. Auf der Oberseite dagegen sind mit Ausnahme des 8. alle Hinterleibssegmente schwarz. Dadurch erhält diese Libelle ein auffallendes blaues „Schlußlicht". Ein weiteres markantes Merkmal ist das zweifarbige Flügelmal (innen schwarz, außen weiß). Vom Weibchen sind verschiedene Färbungsvarianten bekannt. Junge Exemplare haben oft einen rosafarbenen oder blauvioletten Thorax (s. Abb. unten); ausgefärbte Weibchen gleichen den Männchen oder sind düster olivbraun gefärbt. Das „Schlußlicht" ist blau oder (bei der zuletzt erwähnten Variante) bräunlich. Mit einer Körperlänge von gut 30 mm entspricht die Art den meisten übrigen Schlanklibellen. Die Flugzeit erstreckt sich über 5 Monate: von Anfang Mai bis Ende September.

Ischnura elegans ist eine unserer häufigsten und anspruchslosesten Libellenarten. Man findet sie an fast allen Gewässern, die von Libellen bewohnt sind, allerdings mit Ausnahme so extremer Biotoptypen wie stark saurer Hochmoortümpel und rauschender Bergbäche.

Die Art unterscheidet sich (zusammen mit der folgenden) im Eiablageverhalten deutlich von den übrigen Schlanklibellen. Das Weibchen legt die Eier stets ohne Begleitung des Männchens in Wasserpflanzen oder auf dem Wasser treibende Pflanzenteile. Gelegentlich taucht es dabei unter die Wasseroberfläche hinab. Die Eiablage ist trotz der Häufigkeit dieser Art nicht oft zu beobachten, da die Weibchen meist erst gegen Abend an die Gewässer kommen und versteckte Stellen aufsuchen, um so möglichst wenig von den Männchen belästigt zu werden.

Die **Larve** (S. 75 Mitte) hat schmale, zugespitzte Kiemenblättchen mit deutlich sichtbaren, hell und dunkel gescheckten Adern. Die Seitenadern zweigen, wie bei allen Coenagrioniden, schräg von den Mitteladern ab. Die Schenkel besitzen vor dem Gelenk einen deutlichen, dunklen Ring. Die Überwinterung erfolgt in verschiedenen Larvenstadien, oft im letzten. Die Entwicklung ist, wie bei allen Schlanklibellen, einjährig.

Ischnura elegans ♂, Oberfahlheim BS 31. 5. 85
Ischnura elegans ♀, Rotenburg LH 23. 7. 85

Familie Coenagrionidae – Schlanklibellen

Ischnura pumilio Charpentier 1825
Kleine Pechlibelle

Die Kleine Pechlibelle ist mit 25 bis 30 mm Körperlänge nach der Zwerglibelle unsere kleinste Libellenart. Das Männchen ähnelt sehr der größeren Schwesterart. Das „blaue Schlußlicht" liegt bei ihr aber nicht im 8., sondern im 9. und im Enddrittel des 8. Segments. Der blaue Fleck ist oft mit zwei schwarzen Punkten oder auch ausgedehnter schwarz gezeichnet. Die Färbung ist außerdem weniger intensiv als bei *Ischnura elegans,* oft ins Grünliche gehend. Das Weibchen unterscheidet sich deutlich von der anderen Art. Zunächst sind der Thorax und die Abdomenbasis leuchtend orange; nach einigen Tagen verfärbt sich der Körper dann unscheinbar graugrün. Ein „Schlußlicht" fehlt dem Weibchen immer. Gelegentlich treten melanistische Weibchen auf, bei denen nahezu der gesamte Körper schwarz gefärbt ist, nur die Unterseite ist hellgrau. Die Flugzeit reicht von Mai/Juni bis September. Da auch im August regelmäßig Jungtiere auftreten, könnte es sein, daß diese Art zwei Generationen im Jahr hervorbringt.

Ischnura pumilio ist ein ausgesprochener Spezialist, ganz anders als die vorangegangene, verwandte Art. Sie besiedelt vorzugsweise vegetationsarme Lehmtümpel, wassergefüllte Fahrspuren und Überschwemmungsgewässer. Sie erscheint innerhalb kürzester Zeit, wenn irgendwo derartige Gewässer neu entstanden sind, verschwindet aber sehr schnell wieder, sobald diese stärker verwachsen sind. Durch ihre speziellen Ansprüche ist sie zu einer
3 typischen „Kiesgrubenlibelle" geworden. Da aber heute selbst Kiesgrubengewässer mit Fischen besetzt oder mit Müll zugeschüttet werden, ist diese Art bei uns gefährdet.

Die **Larve** (S. 75 unten) ähnelt der *elegans*-Larve. Das einzige Exemplar, das ich bisher sicher (durch die Imaginalhäutung) dieser Art zuordnen konnte, war grünlich gefärbt und ohne dunkle Ringe an den Schenkeln. Ich fing diese Larve in einer wassergefüllten Fahrzeugspur mit ca. 10 cm Wassertiefe, in der sich außerdem Larven von *Libellula depressa* und *Aeshna cyanea* aufhielten.

Ischnura pumilio ♂, Schmiecher See SA 19. 8. 85
Ischnura pumilio, junges ♀, Schmiecher See SA 19. 8. 85

Familie Coenagrionidae – Schlanklibellen

Enallagma cyathigerum Charpentier 1840
Becher-Azurjungfer

Das Männchen der Becher-Azurjungfer hat, wie so viele Schlanklibellen, eine leuchtend blaue Grundfärbung mit wenig ausgedehnter, schwarzer Zeichnung. Das 2. Segment trägt einen kleinen, schwarzen Fleck in der Form eines Knopfes oder gestielten Bechers. Die folgenden 3 Segmente besitzen ähnliche Zeichnungen, die aber etwas größer sind und an den Segmentseiten nach unten herunterreichen. Die Segmente 6, 7 und 10 sind oben überwiegend schwarz, 8 und 9 einfarbig blau. Das Weibchen besitzt eine bräunliche, grünliche oder blaue Grundfärbung. Seine Abdominalsegmente tragen auf der Oberseite schwarze, bronzeglänzende Zeichnungen in Form hinten breiter, vorn zugespitzter Lanzetten. Vor dem Legebohrer ist (wie bei den *Ischnura*-Arten) ein abstehender Dorn zu erkennen (S–21), der den Weibchen der *Coenagrion*-Arten fehlt. Die Flugzeit beginnt Mitte Mai und erstreckt sich bis in den September.

Enallagma cyathigerum lebt vorzugsweise an größeren stehenden Gewässern wie Seen und Teichen, seltener an Gräben und langsam fließenden Bächen. Sie ist bei uns überall recht häufig.

Die Männchen setzen sich gern an senkrecht aus dem Wasser ragende Pflanzenstengel und nehmen dabei eine fast rechtwinklig von der Pflanze abstehende Stellung ein. An dieser charakteristischen Körperhaltung sind *Enallagma*-Männchen oft schon aus großer Entferung zu erkennen. Die Eiablage erfolgt in schwimmende Pflanzenteile (dabei steht das Männchen nach dem „*Coenagrion*-Typ“ über dem Weibchen) oder in Stengel, die aus dem Wasser ragen (nach dem „*Lestes*-Typ“). Manchmal geht das Weibchen auch unter Wasser; dann fliegt aber das Männchen beim Eintauchen davon.

Die **Larve** (S. 73 oben) wirkt auffallend transparent. Die Kiemenblättchen sind breit, hinten zugespitzt und oft mit schwachen, dunklen Querstreifen in der Spitzenhälfte gezeichnet. Die Schenkelringe sind schwächer als bei *Ischnura elegans*, aber im allgemeinen gut sichtbar. Charakteristisch ist eine Nebenborste bei der letzten Fanghakenborste (L–25). Die Überwinterung erfolgt im vorletzten oder einem jüngeren Stadium.

Ennallagma cyathigerum ♂, Humlangen OS 9. 76
Enallagma cyathigerum ♀, Woltem LH 23. 7. 85

Coenagrion puella Linne 1758 **Hufeisen-Azurjungfer**

Das Männchen der Hufeisen-Azurjungfer ist etwas schlanker als das *Enallagma*-Männchen, das Blau ein wenig heller. Das 2. Segment trägt eine schwarze Zeichnung in Form eines „U" oder Hufeisens (S–23). Der Vorderrand dieses Zeichens ist rund ausgeschnitten, der Hinterrand in winklige Ecken ausgezogen. Die folgenden 3 Segmente sind etwa im hinteren Fünftel schwarz und tragen davor an den Seiten meistens schmale, schwarze Streifen. Das Weibchen ist grünlich, selten blau gefärbt und hat, wie die meisten Weibchen der Azurjungfern, ein oben fast durchgehend schwarzes Abdomen. Der Hinterrand des Prothorax ist zweimal leicht eingebuchtet und in der Mitte in eine schwache Spitze ausgezogen (S–36). Die Flugzeit beginnt Anfang Mai und endet im August/September.

Coenagrion puella ist neben *Ischnura elegans* unsere häufigste Kleinlibelle. Sie bevorzugt kleinere stehende Gewässer, kommt aber auch an größeren Seen vor. An fließenden Gewässern ist sie dagegen nur selten anzutreffen.

Von dieser Art sieht man oft viele Paare gleichzeitig bei der Eiablage (S. 23 unten). Die Weibchen setzen sich meist auf im Wasser schwimmende, abgestorbene Pflanzenteile oder auf Wasserpflanzen, die bis zur Wasseroberfläche reichen. Das Männchen bleibt mit seinen Hinterleibsanhängen am Prothorax des Weibchens verankert und steht mit angezogenen Beinen steif aufrecht über der Partnerin („*Coenagrion*-Typ" der Eiablage). Manchmal legen 10 und mehr Paare auf dem gleichen Pflanzenstengel.

Die **Larve** der Hufeisen-Azurjungfer (S. 74 oben) hat schmale, etwas zugespitzte Kiemenblättchen. Ihr Kopf ist hinten mit regelmäßig verteilten, dunklen Punkten gezeichnet. Sie überwintert in einem der letzten Stadien.

Coenagrion puella ♂, Rotenburg LH 23. 7. 85
Coenagrion puella ♀, Rotenburg LH 25. 7. 85

Familie Coenagrionidae – Schlanklibellen

Coenagrion pulchellum Van der Linden 1825 **Fledermaus-Azurjungfer**

Das Männchen der Fledermaus-Azurjungfer ist ungewöhnlich schlank: sein Abdomen hat in der Mitte eine Breite von gerade einem halben Millimeter! Es ähnelt etwas dem Männchen der vorangegangenen Art, hat aber eine satter blaue Grundfärbung und weiter ausgedehnte schwarze Zeichnungen. Das 2. Segment trägt meist eine Zeichnung in Form eines breit gestielten Pokals mit 2 oder 3 Fortsätzen (S–24). Bei etwas gutem Willen erinnert sie an eine Fledermaus (Name!). Das Zeichen kann aber auch, wie bei *C. puella,* zu einem „U" reduziert sein oder fast die ganze Fläche des Segments einnehmen. Die nachfolgenden Segmente sind im allgemeinen in den hinteren zwei Dritteln schwarz mit drei nach vorn gerichteten, spitzen Fortsätzen. Auch hier unterliegt aber die Ausdehnung der Zeichnung starken Schwankungen. Das im Vergleich zum Männchen auffallend kräftige Weibchen ist ebenfalls sehr variabel. Die Grundfärbung ist grünlich oder blau. Meist tragen die Segmente 3 bis 6 ähnliche Zeichnungen wie beim Männchen, nur sind die Spitzen kürzer. Es gibt auch Weibchen mit oberseits fast einfarbig schwarzem Abdomen. Ein sehr viel zuverlässigeres Merkmal ist daher die Form des Pronotums: dieses ist am Hinterrand zweimal tief eingebuchtet und in der Mitte in einen kräftigen, spitzen Zahn ausgezogen (S–37).

Coenagrion pulchellum ist etwas anspruchsvoller als *C. puella.* Die Art bewohnt vorzugsweise Teiche und Altwasser mit reicher Vegetation (vor allem Schwimmblattpflanzen). Sie ist bei uns weit verbreitet und häufig.

Zur Eiablage wählt das Paar gern Schwimmblätter aus. Das Weibchen biegt sein Abdomen um den Blattrand herum zur Blattunterseite oder schiebt es durch ein von Käfern hervorgerufenes Fraßloch. Im letzteren Fall dreht es sich um das Loch im Blatt, so daß die Eier dann in kreisförmigen Gelegen angeordnet werden. Das Männchen steht dabei über der Partnerin wie bei *C. puella.*

Die Kiemenblättchen der **Larve** können sehr unterschiedlich geformt sein: breit und stumpf oder schmal und zugespitzt. Die Kopfzeichnung entspricht der *puella*-Larve. Die Larven der beiden Arten sind nicht eindeutig zu unterscheiden.

Coenagrion pulchellum ♂, Laasche Wd 20. 7. 81
Coenagrion pulchellum ♀, Hollerland Br 25. 7. 85

Coenagrion hastulatum Charpentier 1825
Speer-Azurjungfer

Die Speer-Azurjungfer ähnelt auf den ersten Blick am meisten der Hufeisen-Azurjungfer. Wenn man beide Arten nebeneinander sieht, fällt allerdings auf, daß die Grundfarbe des *hastulatum*-Männchens etwas mehr ins Grünliche geht. Die Art wird auch häufig mit der Mond-Azurjungfer verwechselt, von der sie sich aber schon auf den ersten Blick (sie ist schlanker und viel heller als diese) recht deutlich unterscheidet.

Die sichersten Merkmale des Männchens liegen, wie bei den meisten Azurjungfern, in der Zeichnung der vorderen Abdominalsegmente. Das 2. Segment trägt oben meist einen breiten Pfeil (oder Speer) und davor an jeder Seite einen kleinen, länglichen Fleck (S–25). Der Stiel des Pfeils kann aber fehlen, so daß die Zeichnung dann sehr an das *lunulatum*-Männchen erinnert. Das 3. Segment trägt oben einen hinten breiten, nach vorn stark verschmälerten Spieß. Der Anteil der geschwärzten Fläche beträgt weniger als 50 % (deutlicher Unterschied zu *lunulatum*!). Das Weibchen ist in Färbung und Zeichnungsmuster mit dem *puella*-Weibchen fast identisch. Die Weibchen, die ich bisher gesehen habe, fielen mir allerdings durch eine intensiv leuchtende Grünfärbung auf. Das einzige sichere Merkmal ist aber auch hier die Form des Prothorax: Die beiden Hälften des Hinterrandes bilden miteinander einen stumpfen Winkel; der Mittellappen ist kaum erkennbar (S–38). Die Flugzeit reicht von Anfang Mai bis Anfang August.

Coenagrion hastulatum ist eine typische Art der Moorgewässer. Sie fliegt vor allem an flachen, sauren Weihern mit dichten Torfmoos- und Wollgrasbeständen sowie an wiedervernäßten, alten Torfstichen. Gelegentlich findet man sie auch in Sandgruben. In Norddeutschland ist die Art weit verbreitet und häufig, im Süden etwas seltener.

Die **Larve** ähnelt sehr der Larve von *C. puella*. Der Hinterkopf ist ebenfalls mit Punkten gezeichnet. Die Fühler haben aber nur 6 Glieder (bei *puella* 7).

Coenagrion hastulatum ♂, Wurzacher Ried OS 21. 6. 79
Coenagrion hastulatum ♀, Wurzacher Ried OS 8. 6. 86

Familie Coenagrionidae – Schlanklibellen

Coenagrion lunulatum Charpentier 1840 **Mond-Azurjungfer**

(= Coenagrion vernale Hagen 1839)

Das Männchen der Mond-Azurjungfer ist etwas robuster gebaut als die Männchen der vorangegangenen *Coenagrion*-Arten. Die Grundfärbung ist ein kräftig leuchtendes Blau. Das 2. Segment ist mit einem querliegenden, mondförmigen Fleck und davor jederseits einem kurzen Streifen gezeichnet (S–26). Die entsprechende Zeichnung kann bei der Speer-Azurjungfer sehr ähnlich ausgebildet sein. Derartige Exemplare dieser Art werden dann oft als *C. lunulatum* angesprochen. Ein sicheres Unterscheidungsmerkmal bietet in solchen Fällen das 3. Segment: Bei *C. lunulatum* ist mindestens die hintere Hälfte in voller Breite schwarz, bei *C. hastulatum* befindet sich hier ein schmal auslaufender, spießförmiger Fleck (Eb. SCHMIDT 1985a). Auch die folgenden Segmente sind bei *C. lunulatum* überwiegend schwarz; nur die Segmente 8 und 9 sind blau. Aus größerer Entfernung wirkt dadurch das Abdomen vorn und hinten blau, in der Mitte dagegen schwarz. Das Weibchen ähnelt wieder sehr den übrigen Arten. Auffallend ist aber ein schwarzer, glockenförmiger Fleck im hinteren Teil von Segment 8, dessen Restfläche (wie die Grundfarbe) grün oder blau ist. Ähnliche Zeichnungen können aber auch bei anderen Arten auftreten. Der Prothorax-Hinterrand ist zweimal eingebuchtet und mitten in einen kräftigen, zungenförmigen Fortsatz ausgezogen (S–39). Die Art hat nur eine kurze Flugzeit: von Anfang Mai bis Ende Juni.

Coenagrion lunulatum lebt vor allem an moorigen, nährstoffarmen Gewässern, aber auch an flachen, pflanzenreichen Weihern. Sie
2 kommt oft zusammen mit *C. hastulatum* vor. Die Art ist generell selten und bei uns stark gefährdet. Nur in Norddeutschland wird sie noch regelmäßig gefunden (vor allem in der Lüneburger Heide und im Raum Oldenburg); aus Süddeutschland sind nur wenige aktuelle Vorkommen bekannt.

Coenagrion lunulatum ♂, Thayngen Sc 26. 5. 86
Coenagrion lunulatum ♀, Thayngen Sc 26. 5. 86

Familie Coenagrionidae – Schlanklibellen

Coenagrion mercuriale Charpentier 1840
Helm-Azurjungfer

Das Männchen der Helm-Azurjungfer hat wie die vorangegangene Art eine etwas untersetzte Statur. Das 2. Segment trägt eine schwer zu beschreibende, aber sehr markante Zeichnung, die als „Merkur-Helm“ gedeutet wird (S–27). Die beiden folgenden Segmente sind mit schmalen, spießförmigen Flecken gezeichnet. Das Weibchen ist schwer von den anderen Arten zu unterscheiden. Sein Prothorax ist hinten ganz gerade abgestutzt und trägt in der Mitte einen winzigen, kaum sichtbaren Fortsatz (S–40). Die Flugzeit beginnt Ende Mai und erstreckt sich bis in den August.

Im Gegensatz zu fast allen anderen *Coenagrion*-Arten ist *C. mercuriale* eine reine Fließwasser-Art. Sie kommt vor allem an sauberen, schmalen Quellbächen vor und wird oft von *Orthetrum coerulescens*
1 begleitet. Durch Verunreinigung, aber auch durch Begradigung oder gar Verrohrung derartiger Quellbäche ist die Art bei uns sehr selten geworden; aus vielen Gegenden ist sie ganz verschwunden.
G Gute Vorkommen existieren noch im Alpenvorland und im Oberrheingebiet. Sie ist mittlerweile in Deutschland vom Aussterben bedroht. Im Mittelmeergebiet zählt sie dagegen immer noch zu den häufigen Arten.

Zur Eiablage wählen die Paare bevorzugt die Stengel der Berle (*Sium erectum*), die an den Fundorten der Helm-Azurjungfer meist dichte Bestände bildet. Das Weibchen taucht bei der Eiablage oft ins Wasser hinab; das Männchen bleibt aber mit seinem vorderen Körperabschnitt meist im Trockenen.

Die **Larve** (S. 71 unten) ist durch ihre auffallend kleinen Kiemenblättchen leicht von allen anderen Kleinlibellenlarven zu unterscheiden. (Allerdings können Larven anderer Arten mit verlorengegangenen und später regenerierten Kiemenblättchen ähnlich aussehen.) Sie überwintert im allgemeinen im vorletzten Stadium.

Coenagrion mercuriale ♂, Memmingen Ag 27. 6. 81
Coenagrion mercuriale ♀, Mas Thibert Ca 22. 6. 85

Coenagrion ornatum Sélys 1850
Vogel-Azurjungfer

Das Männchen der Vogel-Azurjungfer ähnelt dem von *Coenagrion puella*, ist aber intensiver blau gefärbt und etwas kräftiger. Die Zeichnung auf dem 2. Segment ist ein kantiges „U", das unten gestielt ist und in Fortsetzung dieses Stieles nach vorn eine mittlere Spitze trägt (S–28). Es fällt mir allerdings schwer, darin, wie im Namen zum Ausdruck gebracht, das Bild eines fliegenden Vogels zu erkennen. Die folgenden Segmente sind, wie bei der vorangegangenen Art, mit spießförmigen Flecken gezeichnet. Das auffallend kräftige Weibchen ist meistens blaugrün gefärbt. Die dunkle Zeichnung auf dem Abdomen ist viel weniger ausgedehnt als bei den anderen Arten der Gattung. Sie besteht auf den Segmenten 3 und 4 aus etwa spießförmigen, dahinter aus dreispitzigen Flecken, die jeweils fast die Hälfte der Segmentfläche freilassen. Die Flugzeit ist sehr kurz: Sie beginnt Ende Mai und geht Anfang Juli zu Ende.

Wie die vorangegangene Art kommt *Coenagrion ornatum* nur an Fließgewässern vor. Sie bevorzugt wie diese kleine Bläche mit reichen Beständen der Berle (*Sium erectum*). Beide Arten kommen daher gelegentlich zusammen vor, allerdings ist *C. ornatum* noch wesentlich seltener. Sichere Vorkommen sind augenblicklich nur aus dem Raum Osnabrück, aus der Pfalz und vom südlichen Oberrhein bekannt. Bei den übrigen Funden handelt es sich um ganz sporadische Einzelnachweise. Die Art ist akut vom Aussterben bedroht. Außerhalb Deutschlands kommt sie in Südosteuropa vor, ist aber anscheinend überall selten.

Die **Larve** ähnelt sehr derjenigen von *Coenagrion mercuriale*, trägt aber auf dem Hinterkopf zahlreiche dunkle Punkte (wie die Larve von *C. puella*).

Coenagrion ornatum ♂, Freckenfeld Pf 8. 6. 85
Coenagrion ornatum ♀, Freckenfeld Pf 8. 6. 85

Familie Coenagrionidae – Schlanklibellen

Coenagrion scitulum Rambur 1842
Gabel-Azurjungfer

Die Gabel-Azurjungfer ist durchschnittlich etwas kleiner und zierlicher als die übrigen *Coenagrion*-Arten. Das hellblau gefärbte Männchen trägt auf dem zweiten Abdominalsegment eine Zeichnung, die an einen gestielten, seitlich in zwei deutliche Spitzen verlängerten Becher erinnert (S–31). Auch in der Mitte ist dieser Becher in der Regel deutlich gezähnt. Die drei folgenden Segmente sind in der hinteren Hälfte schwarz, die Segmente 6 und 7 fast vollständig. Die beiden oberen Hinterleibsanhänge sind etwa halb so lang wie das 10. Segment und besitzen einen stark nach innen gebogenen Apikalzahn (S–32). Das im allgemeinen ebenfalls hellblau gefärbte Weibchen ähnelt in der Hinterleibszeichnung den meisten übrigen Arten der Gattung. Es ist am besten durch die Form seines Pronotum-Hinterrandes gekennzeichnet: Dieser ist in der Mitte in einen deutlichen Zipfel ausgezogen und seitlich davon jeweils eingebuchtet (S–43), tiefer als bei *Coenagrion puella*, nicht jedoch so tief wie bei *C. pulchellum*. Die Flugzeit liegt zwischen Mai und September.

Coenagrion scitulum kommt im gesamten Mittelmeerraum vor, ist aber anscheinend überall ziemlich selten. In Deutschland tritt die Art nur ganz sporadisch als Vermehrungsgast auf (so z. B. in der Oberrheinischen Tiefebene und in Nordrhein-Westfalen). Viele der meist älteren Fundangaben sind mit großer Skepsis zu betrachten, da diese Libelle häufig mit anderen *Coenagrion*-Arten verwechselt wurde.

Sie kommt anscheinend vorzugsweise (ausschließlich?) an stehenden, meist kleineren Gewässern vor. Aus Südfrankreich gemeldete Funde von Fließgewässern erwiesen sich bei näherer Untersuchung immer wieder als Verwechslungen mit *Coenagrion caerulescens* (siehe nachfolgende Seite). Ich konnte sie in Istrien mehrfach an sehr kleinen, pflanzenreichen Tümpeln beobachten, die z. T. sehr isoliert in recht trockener Umgebung lagen und teilweise als Viehtränke dienten.

Coenagrion scitulum ♂, Rovinj Is 15. 7. 88
Coenagrion scitulum ♀, Rovinj Is 11. 7. 88

Familie Coenagrionidae – Schlanklibellen

Coenagrion caerulescens Fonscolombe 1838

Coenagrion caerulescens kommt in Mitteleuropa nicht vor und hat daher bislang auch keinen deutschen Namen erhalten. Sie soll hier aber vorgestellt werden, da sie sehr leicht mit der Gabel-Azurjungfer verwechselt werden kann und auch schon oft mit dieser verwechselt wurde. Sie sieht dieser Art in der Tat täuschend ähnlich, besonders das Männchen. Das wichtigste Unterscheidungsmerkmal beim Männchen sind die oberen Hinterleibsanhänge, die hier nicht länger als die Hälfte von Segment 10 sind und nur einen schwach gebogenen Apikalzahn besitzen (S–30). Die Zeichnung auf dem 2. Segment entspricht außerdem meist einem gestielten, an der Basis verdickten „U“, trägt also in der Mitte keinen Zahn (S–29). Dieses Merkmal kann aber variieren. Viel leichter ist dagegen das Weibchen von dem der anderen Art zu unterscheiden. Bei ihm ist der Hinterrand des Pronotums in der Mitte tief V-förmig ausgeschnitten (S–42), was meist auch auf Fotos (so auf der unteren Abbildung) gut zu erkennen ist. Die Flugzeit liegt zwischen Mai und August.
Die Art kommt nur im südwestlichen Teil Europas vor (Spanien, Südfrankreich, westliches Italien) und ist hier gebietsweise (wie etwa im südöstlichen Frankreich) nicht selten. Im deutlichen Unterschied zu *Coenagrion scitulum* findet man sie offenbar ausschließlich an kleineren Fließgewässern, meist in Gesellschaft von *Coenagrion mercuriale* und *Cercion lindeni*. Über ihre Lebensweise ist kaum etwas bekannt.

Coenagrion caerulescens ♂, Mas Thibert Ca 23.6.85
Coenagrion caerulescens ♀, Manosque Pr 9.7.89

Coenagrion armatum Charpentier 1840
Hauben-Azurjungfer

Das Männchen der Hauben-Azurjungfer besitzt als auffallendstes Kennzeichen löffelförmige untere Hinterleibsanhänge, die doppelt so lang sind wie das 10. Segment (S–34). Die oberen Anhänge sind dagegen stark reduziert. Durch die ausgedehnte Schwärzung der Abdomenoberseite (Segment 4–7 und der größte Teil von Segment 3) erinnert es etwas an die Große Pechlibelle; das 2. Segment ist aber hellblau und trägt am Hinterrand einen vorn runden, schwarzen Fleck mit zwei davor liegenden Strichen (S–33). Die Grundfärbung des Thorax geht mehr ins Grünliche. Das Weibchen ist ähnlich gefärbt wie das Männchen, kann aber auch rötliche Farbtöne besitzen. Auf dem 2. Segment fällt ein breit gestieltes, schwarzes Dreieck auf. Der Pronotum-Hinterrand ist seitlich abgerundet und in der Mitte in einen zungenförmigen Fortsatz ausgezogen (S–44). Die Flugzeit dieser Art ist auffallend kurz; sie reicht
1 höchstens von Mitte Mai bis Ende Juni, meist mit Schwerpunkt in der ersten Juniwoche.

Das Verbreitungsgebiet von *Coenagrion armatum* liegt schwerpunktmäßig in Nordosteuropa. Bei uns kommt die Art offenbar nur in Schleswig-Holstein vor, vor allem in den nördlichsten
G Landesteilen. Aus den südlich angrenzenden Bereichen, etwa aus dem Stadtgebiet von Hamburg und aus dem Elbetal, sind aus neuerer Zeit nur ganz sporadische Einzelfunde bekanntgeworden, bei denen es sich um verdriftete Exemplare handeln könnte.

Zu den Biotopansprüchen der Hauben-Azurjungfer gibt es bisher nur wenige Angaben. Meist handelt es sich um pflanzenreiche Teiche und Tümpel, vor allem am Rand von Mooren. Durch die Eutrophierung derartiger Gewässertypen sowie durch die Austrocknung der Moore in niederschlagsarmen Jahren ist sie in ganz Mitteleuropa akut vom Aussterben bedroht.

Coenagrion armatum ♂, Hallandsås Sk 3. 6. 89
Coenagrion armatum ♀, Hallandsås Sk 3. 6. 89

Coenagrion hylas freyi Bilek 1954
Bileks Azurjungfer

Bileks Azurjungfer unterscheidet sich von allen übrigen *Coenagrion*-Arten Mitteleuropas durch einen breiten, schwarzen Streifen an den Abdomenseiten bei beiden Geschlechtern. Das 2. Segment des Männchens ist mit einem breiten „U“ gezeichnet, das mit den Seitenstreifen verbunden ist. Das Weibchen ist wie das Männchen vorwiegend blau gefärbt; diese Färbung geht aber am Thorax und an den hinteren Abdominalsegmenten mehr ins Grünliche. Auf dem 2. Segment trägt es ein gestieltes, schwarzes Dreieck. Es folgen Segmente mit breiten, schwarzen Spießflecken. Die Flugzeit reicht von Anfang Juni bis Anfang August.

Die Entdeckung dieser Libelle am Zwingsee in Oberbayern (in über 8000 km Entfernung vom ostsibirischen Hauptvorkommen der Art) im Jahre 1952 durch den Münchner Entomologen A. Bilek war seinerzeit eine echte Sensation. Doch schon kurz nach ihrer Entdeckung wurde die *hylas*-Population am Zwingsee, insbesondere durch Baumaßnahmen, möglicherweise aber auch durch übermäßiges Sammeln, ausgerottet. Ähnlich erging es ihr an einem zweiten Fundort, der 1973 in Nordtirol entdeckt wurde (Heidemann 1974), obwohl dieser Fundort geheimgehalten wurde. Glücklicherweise ist seit 1986 ein neues, individuenreiches Vorkommen aus dem Nordalpenraum bekannt (Kiauta 1991).

Bei allen bisherigen Fundorten handelt es sich um kalkhaltige Bergseen, in die alpine Quellbäche einmünden. Die flachen Ufer werden von ausgedehnten Seggen- und Schachtelhalmbeständen eingenommen. Bei der Suche nach weiteren möglichen Vorkommen ist zu beachten, daß die Tiere sich nur bei sonnigem Wetter und auch dann nur kurze Zeit etwa um die Mittagsstunden am Gewässer aufhalten. Bereits am frühen Nachmittag entfernen sie sich wieder und sind dann nicht mehr auffindbar.

1989 konnte ich die bis dahin unbekannte Larve dieser Art erstmals nachweisen (S. 72 unten). Sie unterscheidet sich von allen übrigen Kleinlibellenlarven deutlich durch ihre auch im letzten Stadium extrem schmalen Kiemenblättchen.

Coenagrion hylas ♂, Tirol 19. 7. 89
Coenagrion hylas ♀, Tirol 17. 6. 90

Familie Coenagrionidae – Schlanklibellen

Cercion lindeni Sélys 1840 – Pokal-Azurjungfer

(= Coenagrion lindeni)

Das Männen der Pokal-Azurjungfer ist hellblau gefärbt. Anders als bei den *Coenagrion*-Männchen besitzen die oberen Anhänge innen einen kurzen, spitzen Seitenzahn. Das 2. Segment wird von einem schwarzen Längsstreifen durchzogen, der kurz vor dem Hinterende deutlich erweitert ist (S–35). Die nachfolgenden Segmente sind mit schmalen Lanzettflecken gezeichnet, die nicht ganz bis zum vorderen Segmentrand reichen. Die Augen sind beim Männchen dieser Art auffallend dunkelblau. Das Weibchen erinnert mit seiner ausgedehnten, schwarzen Zeichnung auf dem Abdomenrücken sehr an die *Coenagrion*-Weibchen. Es hat aber eine markante Färbung: Thorax, Abdomenbasis und Abdomenspitze sind hellgrün, die Seiten der Segmente 4 bis 6 dagegen hellblau. Der Hinterrand des Pronotums ist nur ganz schwach zweimal eingebuchtet, mit einem flachen, runden Mittellappen (S–45). Die Flugzeit beginnt erst im Juni/Juli und endet Anfang September.

Cercion lindeni lebt meist an vegetationsarmen Seen und Teichen, auch an langsam fließenden Bächen. Offenbar stellen Baggerseen für diese Art den optimalen Gewässertyp dar. Die früher bei uns ausgesprochen seltene, westmediterrane Libelle hat sich durch den immer weiter um sich greifenden Kiesabbau stark ausgebreitet. Während sie vor 30 Jahren z. B. in Süddeutschland nur am Oberrhein (und dort sehr selten) vorkam, gehört sie heute auch in vielen anderen süddeutschen Flußtälern zu den häufigsten Libellen. Weitere Vorkommen sind entlang des Niederrheins bekannt. Sie lebt oft zusammen mit *Gomphus pulchellus*, einer Art mit ganz ähnlichen ökologischen Ansprüchen und gleichartigen Ausbreitungstendenzen.

Die Eiablage erfolgt nach dem „*Coenagrion*-Typ", meist in Wasserpflanzen, die sich nahe an der Wasseroberfläche befinden. Das Weibchen taucht dabei auch gelegentlich ins Wasser hinab. Sobald das Männchen ebenfalls einzutauchen beginnt, fliegt es auf und erwartet das Auftauchen des Weibchens.

Die **Larve** (S. 73 Mitte) besitzt breite, am Apex stumpf abgerundete Kiemenblättchen, außerdem wie die *Erythromma*-Larven an der Ventralseite des 1. Abdominalsegments eine Querreihe steifer Borsten.

Cercion lindeni ♂, Unterfahlheim BS 30. 7. 85
Cercion lindeni ♀, Unterfahlheim BS 30. 7. 85

Familie Coenagrionidae – Schlanklibellen

Erythromma najas Hansemann 1823
Großes Granatauge

Wie bei der nachfolgenden, nahe verwandten Art ist das Männchen des Großen Granatauges durch seine leuchtend roten Augen in Verbindung mit der hellblauen Grundfärbung sehr auffällig. Der Thorax ist oben dunkelbraun mit einem deutlichen Kupferglanz. Die für fast alle Azurjungfern typischen, hellen Antehumeralstreifen fehlen. Das Abdomen ist oben schwarz; nur die Segmente 9 und 10 sind leuchtend hellblau. Das Weibchen sieht einem *Coenagrion*-Weibchen ähnlich, hat aber zwischen den Augen keine hellen Flecken. Im Gegensatz zum Männchen sind aber schmale, hinten unterbrochene Antehumeralstreifen ausgebildet. Von der nächstverwandten Art läßt es sich nur durch die Form des Prothorax sicher trennen: dieser ist am Hinterrand zweimal tief eingebuchtet und mitten in einen dreieckigen Zipfel ausgezogen (S–17). Die Flugzeit reicht von Mai bis August.

Erythromma najas fliegt fast nur an Seen und Teichen mit gut entwickelter Schwimmblattvegetation. An Altwasserarmen, die mit den großflächigen Blättern der Gelben Teichrose (*Nuphar luteum*) bedeckt sind, fehlt sie fast nie. Sie ist bei uns in geeigneten Gebieten fast überall verbreitet.

Die Art ist verhältnismäßig scheu und daher nicht leicht zu beobachten. Die Männchen setzen sich meist entfernt vom Ufer auf Teichrosenblätter. Zur Eiablage wählt das Paar bevorzugt die Schwimmblattunterseiten und Blütenstengel dieser Pflanze. Oft tauchen beide Partner, wie bei *Lestes sponsa*, ganz unter.

Die **Larve** (S. 70 Mitte) ist größer als alle anderen *Coenagrioniden*-Larven (über 20 mm ohne Kiemenblättchen). Die Kiemenblättchen sind auffallend breit, hinten stumpf abgerundet und meist dunkel quergebändert. Die Larve ist außerordentlich flink und lebhaft. Sie kann mit schnellen, schlängelnden Bewegungen des Hinterleibs sehr behende umherschwimmen. Sie überwintert meist im letzten Stadium.

Erythromma najas ♂, Rotenburg LH 25. 7. 85
Erythromma najas ♀, Rotenburg LH 23. 7. 85

Familie Coenagrionidae – Schlanklibellen

Erythromma viridulum Charpentier 1840
Kleines Granatauge

Beide Geschlechter des Kleinen Granatauges sind nicht leicht von der vorangegangenen Art zu unterscheiden. Die Größenunterschiede (30 mm Körperlänge beim Kleinen, 35 mm beim Großen Granatauge) sind nicht auffallend. Das Männchen besitzt oben auf dem 10. Segment eine querliegende X-förmige Zeichnung (S–18), die bei *E. najas* fehlt. Die Seiten der Segmente 2 und 8, die bei *E. najas* schwarz sind, sind bei *E. viridulum* blau. Beim Weibchen ist der vordere und der hintere Abschnitt des Abdomens blaugrün, während die Segmente 4 bis 8 außen gelbgrün sind. Der Prothorax-Hinterrand ist ohne deutliche Einbuchtungen nach hinten winklig vorgezogen. Die Flugzeit liegt etwas später als bei der vorangegangenen Art. Sie beginnt im Juni und erstreckt sich bis in den September.

Erythromma viridulum stellt ganz ähnliche Ansprüche wie *E. najas*, ist als mediterrane Art aber stärker von der Temperatur abhängig. In warmen Sommern breitet sie sich nach Norden aus und kann dann bis in die Norddeutsche Tiefebene vordringen; bei ungünstigen Klimabedingungen schmilzt ihr Areal dagegen wieder stark zusammen. Im Kernbereich ihres mitteleuropäischen Vorkommens, in der Oberrheinischen Tiefebene, ist sie jedes Jahr regelmäßig und meist häufig anzutreffen. An ihren Fundorten fliegt meist auch *E. najas*. Mehr als diese neigt *E. viridulum* dazu, auch Sekundärbiotope wie Baggerseen zu besiedeln.

Die Art hält sich ebenso wie die vorangegangene gern auf den Schwimmblättern der Teichrose auf. Die Eiablage erfolgt häufig auch in andere Wasserpflanzen, z. B. in Tausendblatt (*Myriophyllum*) und Laichkräuter (*Potamogeton*).

Erythromma viridulum ♂, Rußheim Bd 5. 8. 79
Erythromma viridulum ♀, Salin des Badon Ca. 24. 6. 85

Familie Coenagrionidae – Schlanklibellen

Nehalennia speciosa Charpentier 1840
Zwerglibelle

Mit nur 20 bis 25 mm Körperlänge und ca. 25 mm Flügelspannweite ist die Zwerglibelle die kleinste europäische Libelle. Sie ist zudem ausgesprochen zierlich gebaut. Das Männchen ist hellblau gefärbt und oberseits metallisch grün wie eine *Lestes*. Nur die Abdomenspitze ist ab der Mitte des 8. Segments oben blau. Das Pterostigma ist hellbraun; die Beine sind weiß mit schwach entwickelter, dunkler Zeichnung. Das Weibchen gleicht mit Ausnahme des etwas kräftigeren Abdomens fast völlig dem Männchen. Gelegentlich tritt eine gelbliche Färbungsvariante des Weibchens auf, die aber vermutlich nur eine Jugendfärbung darstellt (s. untere Abb.). Die Flugzeit beginnt Mitte Mai und endet etwa im Juli/August.

Der typische Lebensraum von *Nehalennia speciosa* sind flache, nicht zu saure Moorschlenken mit lockerer Vegetation aus Wollgras (*Eriophorum angustifolium*), Schlammsegge (*Carex limosa*) und Fieberklee (*Menyanthes trifoliata*). In geeigneten Gebieten kann sie recht häufig vorkommen, wird aber wegen ihrer geringen Größe
2 leicht übersehen. Hinzu kommt, daß sie wenig flugfreudig ist. Der Verbreitungsschwerpunkt dieser Art liegt in den Mooren des bayerischen Alpenvorlands und in Oberschwaben; nördlich davon sind Funde aus dem Bayerischen Wald und aus Niedersachsen bekannt. Wegen ihrer hohen Ansprüche ist die Zwerglibelle bei uns stark gefährdet.

Die **Larve** (S. 71 Mitte) ist schon durch ihre geringe Größe zu erkennen (ohne Kiemenblättchen unter 13 mm). Die Kiemenblättchen sind hinten abgerundet, aber mit einer aufgesetzten Spitze ausgestattet.

Nehalennia speciosa ♂, Schwemm/Walchsee Ti 15. 6. 86
Nehalennia speciosa ♀, Schwemm/Walchsee Ti 15. 6. 86

Familie Aeshnidae – Edellibellen

Neben den Quelljungfern sind die Edellibellen die größten Libellen unserer Fauna. Der Hinterleib der meisten Arten ist hell und dunkel gescheckt („Mosaikjungfern"). Die Männchen haben an der Basis eckige Hinterflügel (außer *Anax* und *Hemianax)* und „Öhrchen" an den Seiten des 2. Hinterleibssegments. Von wenigen Ausnahmen abgesehen, legen die Weibchen ihre Eier ohne Begleitung der Männchen ab, indem sie sich auf das Substrat setzen. In Deutschland kommen 13 Arten vor, in Europa 18.

Brachytron pratense Müller 1764
Kleine Mosaikjungfer
(= Brachytron hafniense Müller 1764)

Die Kleine Mosaikjungfer ist mit 55 bis 65 mm Körperlänge unsere kleinste Edellibelle. Die Art ist auffallend behaart, besonders am Thorax. Die Thoraxseiten sind grün mit 2 schrägen, schwarzen Streifen. Das Abdomen ist beim Männchen schwarz-blau gescheckt, beim Weibchen schwarz-gelbgrün. Beide Geschlechter haben ein auffallend langes, schmales Pterostigma und sehr lange obere Hinterleibsanhänge. Als früheste Mosaikjungfer fliegt sie von Anfang Mai bis Mitte Juli.

Brachytron pratense ist eine typische Tieflandlibelle, die vor allem an den stehenden Gewässern der Flußauen vorkommt. Sie bevorzugt
3 Weiher und Seen mit schilfreichen Ufern. Da ihre Bestände überall rückläufig sind, gilt sie als gefährdet.

Die **Larve** (S. 77 unten) unterscheidet sich deutlich von den Larven der übrigen Edellibellen. Sie hat nur kleine, knopfförmige Augen, ein auf der Unterseite flaches, fast ausgehöhltes Abdomen und abgeflachte Beine. Sie kann sich dadurch eng an Binsen- und Schilfhalme schmiegen und ist dann hervorragend getarnt. Auch im Wasserkescher zieht sie die Beine eng an den Körper und verharrt reglos, so daß sie leicht zu übersehen ist. Zu ihrer Entwicklung benötigt sie normalerweise 3 Jahre.

 Brachytron pratense, Paarungsrad, Oberfahlheim BS 23. 5. 88

Aeshna caerulea Ström 1783
Alpen-Mosaikjungfer

Die Alpen-Mosaikjungfer ist mit 60 bis 65 mm Körperlänge wie die vorangegangene Art eine auffallend kleine Edellibelle. Die Augen berühren sich in der Kopfmitte nur auf einer kurzen Strecke. Das Männchen hat einen graubraunen Thorax mit kleinen, gelblichen Antehumeralstreifen und zwei schmalen, hellblauen Seitenstreifen. Das schwarze Abdomen ist mit ausgedehnten hellblauen Flecken gezeichnet. Die Augen sind leuchtend blau. Das Weibchen hat ein unauffällig gelb-braun geschecktes Abdomen. Es ist schwer von anderen Arten der Gattung zu unterscheiden. Im Gegensatz zu den übrigen *Aeshna*-Arten ist aber die gelbe Zeichnung an den Abdomenseiten durchgehend, also nicht durch die braune Grundfärbung unterbrochen. Die Flugzeit beginnt im Juli und reicht bis Mitte September.

Aeshna caerulea ist eine typische Moorlibelle des hohen Nordens und der Gebirge. In Mitteleuropa lebt sie fast nur in Höhen von über 1000 m. Ihre höchsten Vorkommen in den Alpen liegen bei 2600 m
1 (LEHMANN 1985). In Nordskandinavien lebt sie auch im Flachland. In Deutschland waren mehrere Fundorte in höheren Lagen des Südschwarzwalds bekannt. Heute scheint sie nur noch in einem dieser Gebiete, zudem in stetig abnehmender Individuenzahl vorzu-
G kommen (STERNBERG 1983). Ansonsten ist nur noch ein Fundort im Allgäu bekannt, an dem die Art auch heute noch vorkommt. Sie ist bei uns akut vom Aussterben bedroht.

Im Gegensatz zu den übrigen *Aeshna*-Arten, die sich z. T. stundenlang in der Luft halten, setzt sich *A. caerulea* regelmäßig nieder, um ihren Körper aufzuheizen. Sie wählt hierzu vor allem helle, ausgebleichte Holzstücke und Steine. Besonders ausgiebig sonnt sich die Libelle in den Morgenstunden und nachmittags. Frühmorgens ist die blaue Körperfärbung noch dumpf graublau; erst bei ausreichender Körpertemperatur strahlt sie in der gewohnten Blaufärbung.

Die **Larve** (S. 78 unten) ähnelt sehr der *cyanea*-Larve, ist aber kleiner und hat kürzere Seitendorne am Abdomen. Sie lebt in Moorkolken und kleinen Schlenken. Die Entwicklungszeit dürfte in Anbetracht der ungünstigen Temperaturverhältnisse mehrere Jahre betragen.

Aeshna caerulea ♂, Ellmau Ti 5. 8. 85
Aeshna caerulea, ♀ bei der Eiablage, Ellmau Ti 3. 8. 85

Aeshna mixta Latreille 1805
Herbst-Mosaikjungfer

Die Herbst-Mosaikjungfer gleicht in der Größe etwa der vorangegangenen Art. Der Thorax ist braun mit sehr kleinen, gelblichen Antehumeralstreifen und breiten, gelben Seitenbinden. Das Abdomen ist beim Männchen schwarz mit blauen Flecken; an seiner Basis befindet sich ein gelbes Dreieck auf braunem Grund. Beim Weibchen ist das schwarze Abdomen mit kleinen gelben und etwas größeren braunen Flecken gezeichnet. Gelegentlich tritt eine Variante des Weibchens auf, die wie das Männchen blau gefleckt ist. Die Herbst-Mosaikjungfer ist die späteste Art ihrer Familie. Sie erscheint erst ab Juli/August und fliegt noch im Oktober, manchmal bis Mitte November.

Aeshna mixta lebt an pflanzenreichen, stehenden Gewässern, oft an Weihern und Teichen mit Schilfgürtel, aber auch an Moorgewässern. Sie gehört zu den wenigen Libellenarten, die sogar solche Fischteiche besiedeln können, die alljährlich den ganzen Winter hindurch trockenliegen. Sie tritt meist in geringer Individuendichte auf.

Aeshna mixta wird oft übersehen, da sie erst spät im Jahr fliegt und durch ihr Verhalten nicht besonders auffällt. Sie fliegt nicht so ausdauernd wie *A. grandis* oder *A. cyanea* und setzt sich häufiger ab. Die Weibchen suchen zur Eiablage meist versteckte Stellen im Schilfdickicht, wo sie ihre Eier vor allem in schwimmende, abgestorbene Pflanzenteile einbohren.

Die **Larve** (S. 78 Mitte) ähnelt einer kleinen Larve von *A. cyanea;* die Seitendorne des 9. Segments sind aber länger. Außerdem ist die dunkle Zeichnung in der Mitte der Abdominalsegmente weniger ausgedehnt, und die Färbung geht oft ins Rötliche. Die Art überwintert als Ei; die Larve entwickelt sich oft noch im Schlüpfjahr zur Imago, eine wichtige Voraussetzung für die Besiedlung alljährlich abgelassener Fischteiche (s. o.).

Aeshna mixta ♂, Illerrieden OS 30. 9. 81
Aeshna mixta ♀, Laupheim OS 7. 9. 80

Aeshna affinis Van der Linden 1820
Südliche Mosaikjungfer

Die Südliche Mosaikjungfer ähnelt der Herbst-Mosaikjungfer, der sie in der Größe gleicht. Der Thorax ist aber nur oben braun; die Seiten sind grün mit schmalen, schwarzen Streifen. Das Männchen hat strahlend blaue Augen (bei *A. mixta* graublaue). Die blauen Flecken sind deutlich größer, farbintensiver und reichen nach vorn bis zur Hinterflügelbasis. Das Weibchen hat ein hellbraunes, gelb geflecktes Abdomen mit sehr sparsamer, schwarzer Zeichnung (vor allem auf den Segmenten 7 bis 10). Auch bei dieser Art kommt eine blau gefleckte Weibchen-Variante vor. Die Flugzeit liegt zwischen Anfang Juli und Anfang September, in Südeuropa beginnt sie schon im Mai.

Aeshna affinis ist eine typische Art des Mittelmeergebiets und dort weit verbreitet. Sie lebt mehr an Sümpfen und dicht bewachsenen Gräben, weniger an offenen Gewässern. In manchen Jahren erscheint sie als Wanderlibelle in Süddeutschland und wird auch gelegentlich für einige Jahre bodenständig. In ungünstigen Jahren stirbt sie aber immer wieder aus.

Die Eiablage geschieht offenbar immer in Begleitung des Männchens. Bei den übrigen Aeshniden ist ein derartiges Verhalten nur von *Anax parthenope* bekannt. Das Paar sitzt dabei, wie nach dem „*Lestes*-Typ" der Kleinlibellen, übereinander an einem senkrechten Pflanzenstengel, oder das Weibchen sitzt auf horizontaler Unterlage.

Aeshna affinis ♂, Hortobagy Un 6. 7. 86
Aeshna affinis ♀, Hortobagy Un 6. 7. 86

Familie Aeshnidae – Edellibellen

Aeshna juncea Linné 1758 – **Torf-Mosaikjungfer**

Die Torf-Mosaikjungfer gehört mit 70 bis 80 mm Körperlänge zu den großen Arten dieser Familie. Sie ähnelt der folgenden Art. Das Männchen hat einen dunkelbraunen Thorax mit jederseits 2 schrägen, gelben Seitenbinden. Zwischen diesen befindet sich oft ein kleiner gelber Fleck. Die Antehumeralstreifen sind schmal und strichförmig, seltener nagelförmig. Das schwarze Abdomen trägt oben auf jedem Segment jederseits hinten einen runden, blauen Fleck und davor einen schmalen, gelben Querstreifen. Das Weibchen hat am ganzen Körper eine dunkelbraune Grundfarbe. Die Antehumeralstreifen sind ganz kurz und strichförmig. Das Abdomen ist gelbgrün und gelb gefleckt; es hat ein ähnliches Muster wie beim Männchen (allerdings sind die runden Flecken kleiner). Gelegentlich treten Weibchen auf, die wie Männchen gefärbt sind. Ein wichtiges Unterscheidungsmerkmal für das Weibchen ist noch die Stellung der oberen Hinterleibsanhänge; diese sind etwa in einem Winkel von 45° auf der Innenseite nach unten gedreht, so daß ihre Oberfächen miteinander ungefähr einen rechten Winkel bilden (S–57). Die Art fliegt von Mitte Juni bis Mitte Oktober.

Aeshna juncea ist vor allem eine Moorlibelle, aber sie kommt gelegentlich auch an anderen Gewässern vor. In den Mooren Norddeutschlands, im Alpenvorland und ganz besonders in den Alpen ist sie wohl die häufigste Art der Familie. Auch im mittleren Teil der Bundesrepublik fehlt sie keineswegs; hier besiedelt sie vor allem die Mittelgebirge.

Die **Larve** (S. 80 oben) hat eine glatte, glänzende Körperoberfläche und eine breite, kurze Fangmaske. Seitlich von der dunklen Hinterleibsmitte sind helle Längsbinden entwickelt, die besonders bei den jüngeren Larvenstadien sehr auffallen.

Aeshna juncea ♂, Ellmau Ti 3. 8. 85

Aeshna juncea ♀, Langkampfen Ti 22. 9. 85, Fot. G. Lehmann

Aeshna subarctica Walker 1908
Hochmoor-Mosaikjungfer

Die Hochmoor-Mosaikjungfer ist leicht mit der vorangegangenen Art zu verwechseln. Die Ähnlichkeit der beiden Arten hatte zur Folge, daß *Aeshna subarctica* erst 1927 in Mitteleuropa entdeckt wurde. Die Färbung des Männchens entspricht in etwa der der anderen Art, ist aber im allgemeinen blasser. Die Thorax-Seitenstreifen sind breit, unten gelb und werden zum Flügelansatz hin hellblau. Zwischen den beiden breiten Streifen liegt außerdem ein deutlich sichtbarer, schmaler dritter Streifen. Die Antehumeralstreifen sind meist breit und nagelförmig. Eine dunkle Farbvariante dieser Art erinnert in der Thoraxzeichnung allerdings sehr an *A. juncea*. Das beste Unterscheidungsmerkmal ist daher die Fleckung des Hinterleibs: der runde Fleck ist kleiner, der Querstrich breiter als bei der anderen Art, so daß beide Zeichnungselemente, vor allem im vorderen Abschnitt des Abdomens, fast gleich groß sind (BILEK 1960). Das Weibchen läßt sich am sichersten durch die etwa waagerechte Haltung der oberen Hinterleibsanhänge von *A. juncea* unterscheiden (S–59). Die Flugzeit beginnt Mitte Juli und endet Mitte September.

Aeshna subarctica ist in ihrem Vorkommen an Moore mit Torfmoosen (*Sphagnum*) gebunden. Sie fliegt vor allem an kleineren Moorseen, Hochmoorschlenken und regenerierten Handtorfstichen, meist zusammen mit *A. juncea*. Sie kommt sowohl in den Mooren
2 Norddeutschlands als auch in süddeutschen Mooren vor (Schwarzwald, Alpen, Alpenvorland). Wegen ihrer hohen Ansprüche ist sie bei uns stark gefährdet.

Die **Larve** (S. 81 unten) ähnelt außerordentlich der der nächstverwandten Art. Sie ist etwas schlanker, kurzbeiniger und hat eine noch stärker glänzende Körperoberfläche. Ihre Cerci sind außerdem länger als bei allen anderen *Aeshna*-Arten.

Aeshna subarctica, Paarungsrad, Neuenkirchen LH 9. 76

Familie Aeshnidae – Edellibellen

Aeshna cyanea Müller 1764
Blaugrüne Mosaikjungfer

Die Blaugrüne Mosaikjungfer entspricht in der Körpergröße (70 bis 80 mm) den anderen großen Arten der Familie. Beide Geschlechter haben breite, grüne Antehumeralstreifen und 2 sehr breite, ebenso gefärbte Thorax-Seitenbinden. Während beim Weibchen auch das gesamte Abdomen schwarz-grün gescheckt ist, sind beim Männchen die Segmente 8 bis 10 schwarz-blau, die übrigen schwarz-grün gefleckt mit blauen Flecken an den Seiten. Die Libellen schlüpfen ab Mitte Juni, erscheinen aber meist erst im August und September wieder am Gewässer. Die letzten Exemplare sieht man bei günstigen Wetterbedingungen bis Oktober/November.

Aeshna cyanea ist wohl unsere anspruchsloseste und anpassungsfähigste Großlibelle. Sie lebt vor allem an kleineren stehenden Gewässer, wie Waldtümpeln, Kiesgrubengewässern und selbst Gartenteichen, wo sie nicht selten für Verwirrung sorgt. Aber auch an großen Fischteichen, Baggerseen und Weihern tritt sie regelmäßig auf. Sie ist bei uns überall häufig.

An manchen Kleingewässern schlüpfen erstaunlich viele Individuen dieser Art. Zur Zeit der Eiablage sieht man aber immer nur wenige Tiere an einem Gewässer. Die einzelnen Männchen wechseln sich zeitlich ab; sie erscheinen immer nur für kurze Zeit am Wasser, patrouillieren auf der Suche nach eierlegenden Weibchen am Ufer entlang und entfernen sich wieder, um anderen Individuen das Feld zu überlassen (KAISER 1974a). Bei diesen „Patrouillenflügen" sind die Männchen gar nicht scheu; sie nähern sich einem ruhig sitzenden Beobachter bis auf wenige Zentimeter, was vielfach zur völlig falschen Deutung als „Angriffslust" führt.

Die **Larve** (S. 79 oben) kann sehr unterschiedlich gefärbt sein, hellbraun bis fast schwarz. Meist sind in der Mitte der Abdominalsegmente deutliche, dunkle Doppelflecke zu erkennen. Die Fangmaske ist schmal und langgestreckt. Zur Entwicklung benötigt die Art im allgemeinen 2 Jahre, manchmal nur 1 Jahr.

Aeshna cyanea, ♂ im Flug, Ringingen SA 16. 9. 80
Aeshna cyanea, ♀ bei der Eiablage, Illerrieden OS 6. 9. 81

Familie Aeshnidae – Edellibellen

Aeshna viridis Eversmann 1835
Grüne Mosaikjungfer

Die Grüne Mosaikjungfer ähnelt auf den ersten Blick der vorangegangenen Art, ist aber etwas kleiner (65 bis 75 mm Körperlänge). Vor den Augen, auf der Stirn, trägt sie nur einen breiten, schwarzen Querstrich. Alle übrigen *Aeshna*-Arten (mit Ausnahme von *A. grandis*) haben hier ein schwarzes „T" (S–55). Die Thoraxseiten sind einfarbig grün; der grüne Antehumeralstreifen ist etwa so breit wie bei *A. cyanea*. Während das Männchen auf dem Abdomen große, blaue Flecken besitzt, ist das Weibchen hier wie auf dem übrigen Körper grün gezeichnet. Die Flugzeit reicht von Mitte Juli bis Ende September.

Aeshna viridis kommt nur an Gewässern vor, in denen sich dichte Bestände der Krebsschere (*Stratiotes aloides*) entwickeln. Sie fliegt meist an Altwassern und Gräben in den Flußtälern. Bei uns ist sie sehr selten und fehlt etwa südlich der Allerniederung. Sie ist vom Aussterben bedroht, da die Krebsschere von den Anglervereinen als „Unkraut" in Fischereigewässern erbittert bekämpft wird, obwohl sie durch die Artenschutzverordnung geschützt ist.

Die Art beginnt erst verhältnismäßig spät in den Vormittagsstunden zu fliegen, ist dafür aber noch in den Abendstunden aktiv. Bei schönem Wetter sieht man die Männchen über den Krebsscheren-Beständen hin und her patrouillieren. Die Weibchen kommen nur zur Eiablage ans Gewässer. Eigenartigerweise legen sie ihre Eier so gut wie ausschließlich in die überaus stachligen Blätter dieser Pflanze. Durch ihre hervorragende Tarnfärbung sind die Weibchen im Pflanzengewirr kaum zu entdecken.

Die **Larve** (S. 80 Mitte) ähnelt in der Gestalt und in der Form ihrer Fangmaske sehr der Larve von *A. grandis*. Sie ist aber einfarbig grünlich oder braun und hat nicht die für die *grandis*-Larve typischen Doppelflecken in der Rückenmitte.

Aeshna viridis ♂, Blockland Br 7. 8. 86
Aeshna viridis ♀, Blockland Br 7. 8. 86

Aeshna grandis Linné 1758
Braune Mosaikjungfer

Die Braune Mosaikjungfer gleicht in der Körpergröße *A. cyanea* und den anderen großen Arten. Beide Geschlechter haben eine rotbraune Färbung und deutlich braun getönte Flügel. Dadurch ist sie leicht von allen Arten ihrer Gattung zu unterscheiden. Nur *Anaciaeschna isosceles* hat mit ihr eine gewisse Ähnlichkeit, besitzt aber fast farblose Flügel. *A. grandis* hat nur eine sparsame Zeichnung: gelbe Thorax-Seitenstreifen, gelbe Abdomen-Seitenflecken beim Weibchen und hellblaue Seitenflecken beim Männchen. Die blauen Flecken des Männchens sind von oben nicht sichtbar, lediglich 2 hellblaue Flecken an der Abdomenbasis und ebenso gefärbte Punkte an der Basis jedes Flügels. Die Art fliegt von Ende Juni bis Anfang Oktober.

Die auffallende Libelle sieht man vor allem an größeren Weihern und Teichen, oft auch weit von jedem Gewässer entfernt. Sie hat ihren Verbreitungsschwerpunkt in Nord- und Osteuropa, doch auch in Mitteleuropa ist sie nirgends selten. Sie tritt bei uns allerdings meist in geringer Individuenzahl auf, nie so zahlreich wie *A. cyanea*.

Die **Larve** (S. 81 Mitte) ist kräftiger als die *cyanea*-Larve. Sie hat eine breite Fangmaske und variiert ganz außerordentlich in der Färbung. Typische Exemplare haben deutliche Ringe an den Schenkeln, kontrastreich abgesetzte, dunkle Doppelflecke auf der Mitte der Abdominalsegmente, jederseits eine helle Binde vom Hinterrand des Auges zum Flügelansatz und schwarz-weiß gescheckte Stacheln der Analpyramide. Es kommen aber auch weniger kontrastreich gezeichnete Individuen sowie fast einfarbig schwarze vor.

Aeshna grandis ♂, Hittnau Zh 9. 81, Fot. H. Wildermuth
Aeshna grandis, ♀ bei der Eiablage, Blockland Br. 7. 8. 86

Anaciaeschna isosceles Müller 1767 **Keilflecklibelle**

(= Aeshna isosceles)

Die Keilflecklibelle, die von vielen Autoren mit zur Gattung *Aeshna* gerechnet wird, entspricht in der Größe den etwas kleineren Arten dieser Gattung. In der Färbung ähnelt sie *A. grandis*, ist aber mehr rötlich und hat weitgehend durchsichtige Flügel. Die Augen sind leuchtend grün. Auffallend ist ferner ein gelber, keilförmiger Fleck auf der Oberseite des 2. Abdominalsegments. Beide Geschlechter gleichen sich in der Färbung. Die Art fliegt von Mitte Mai bis Anfang August.

Anaciaeschna isosceles ist eine typische Tieflandart, die vor allem an schilfreichen Altwassern, gelegentlich auch an langsam fließenden
3 Bächen und Gräben vorkommt. Sie ist in Mitteleuropa allgemein selten, nur in den Stomtälern etwas häufiger und gilt als gefährdet.

Die **Larve** (S. 82 oben) erinnert in der Färbung an die Imago: rötlicher Körper, grünliche Augen. Sie kann aber auch fast schwarz gefärbt sein. Auffallend sind die langen Cerci.

Boyeria irene Fonscolombe 1838 – **Geisterlibelle**

Die Geisterlibelle wirkt durch ihre graugrüne bis graubraune Färbung noch nicht ausgefärbt. Alle Flügel haben einen verschwommenen, dunklen Spitzenfleck. Beide Geschlechter gleichen sich weitgehend in der Färbung. Die Flugzeit erstreckt sich von Ende Juni bis September.

Boyeria irene ist eine westmediterrane Libelle; die nördlichsten Vorkommen liegen in der Südschweiz und im mittleren Frankreich. In Südfrankreich ist sie stellenweise nicht selten. Sie entwickelt sich offenbar nur in Fließgewässern.

Die Art fliegt vor allem in der Abenddämmerung, aber auch schon in den späten Vormittagsstunden. Die Weibchen legen ihre Eier an sehr versteckten Stellen, meist in Höhlungen unter Baumwurzeln, am Bachufer ab.

Die **Larve** (S. 76 oben) hat scharfe Ecken am Hinterkopf und deutlich abstehende Seitendorne am Abdomen, auch am 5. Segment. Oben auf dem 8. Segment fällt ein gelber Fleck ins Auge.

Anaciaeschna isosceles ♂, Hettlingen Zh 17. 6. 86
Boyeria irene ♂, Sigonce Pr 23. 7. 86

Familie Aeshnidae – Edellibellen

Anax imperator Leach 1815
Große Königslibelle

Die Große Königslibelle gleicht in der Körpergröße den großen *Aeshna*-Arten. Der Thorax ist einfarbig grün, ohne Antehumeralstreifen und Seitenbinden. Vor den Augen befindet sich auf der grünen Stirn ein hellblauer Querstreifen und dicht dahinter ein kleines, schwarzes Fünfeck. Das Abdomen des Männchens ist hellblau mit einem durchgehenden, schwarzen Längsband, das in jedem Segment zahnartig ausgebuchtet ist. Das Weibchen hat ein mehr blaugrünes Abdomen mit einem braunen, etwas breiteren Längsband. Die Flugzeit beginnt Anfang Juni und endet im August/September.

Anax imperator lebt an stehenden Gewässern unterschiedlichster Art, vor allem an pflanzenreichen Teichen und Tümpeln. Sie fehlt an austrockungsgefährdeten Kleingewässern (an denen aber z. B. *Aeshna cyanea* häufig vorkommen kann). Die Art ist bei uns überall verbreitet.

Die Große Königslibelle ist ein sehr ausdauernder Flieger. Die Männchen sind sehr kräftig und vertreiben andere Arten meist aus ihrem Revier. Nur selten sieht man sie einmal absitzen. Die leuchtende Färbung wandelt sich bei niedriger Temperatur in ein dumpfes Graublau, ähnlich wie bei *Aeshna caerulea*. Die Weibchen setzen sich zur Eiablage meistens entfernt vom Ufer frei sichtbar auf schwimmende Pflanzenteile, während die *Aeshna*-Weibchen meist versteckte Stellen in Ufernähe oder am Land aufsuchen.

Die **Larve** (S. 77 oben) wird sehr groß. Sie kann 55 mm Körperlänge erreichen, während *Aeshna*-Larven immer unter 50 mm bleiben. Die Augen sind sehr groß; die breiteste Stelle des Kopfes liegt deutlicher hinter der Mitte (bei *Aeshna* davor). Seitendorne sind nur an den Segmenten 7 bis 9 entwickelt. Zur Unterscheidung der beiden *Anax*-Arten vergl. die Angaben im Larvenschlüssel. Die *imperator*-Larve benötigt meistens nur 1 Jahr zu ihrer Entwicklung; die Überwinterung kann in ganz verschiedenen Stadien erfolgen. Oft verwandeln sich aber alle Larven eines Gewässers fast gleichzeitig.

 Anax imperator, Paarungsrad, Posthausen Br. 7. 75

Anax parthenope Sélys 1839
Kleine Königslibelle

Die Kleine Königslibelle ist kaum kleiner als die Große (65 bis 75 mm Körperlänge). Beide Geschlechter unterscheiden sich nur wenig. Der Thorax und das Abdomen sind braungrau bis bräunlich violett gefärbt, nur das 2. und (beim Männchen) Teile des 3. Segments sind leuchtend hellblau. An der Basis von Segment 2 befindet sich außerdem eine auffallende, gelbe Querbinde. Die Flügel sind in der Mitte bräunlich getönt, beim Männchen ausgedehnter als beim Weibchen. Die Art fliegt von Mitte Juni bis Mitte August, in Südeuropa auch schon im Mai.

Anax parthenope lebt vorzugsweise an größeren Weihern und Seen. In Südeuropa tritt sie regelmäßig auch an überfluteten Reisfeldern auf. In Mitteleuropa kommt die mediterrane Art in klimatisch begünstigten Gebieten wie am Oberrhein, aber auch in der Mark
2 Brandenburg vor. Bei uns ist sie stark gefährdet.

Die Eiablage findet manchmal ohne, manchmal mit begleitendem Männchen statt. Die **Larve** (S. 77 Mitte) ähnelt sehr der von *A. imperator*. Beide Arten unterscheiden sich durch die im Larvenschlüssel angegebenen Merkmale.

Hemianax ephippiger Burmeister 1839
Schabrackenlibelle

Die Schabrackenlibelle entspricht in der Körpergröße den kleineren *Aeshna*-Arten. Ihre Grundfarbe ist ein fahles Gelbbraun. Das Männchen trägt auf dem 2. Segment einen großen, leuchtend hellblauen Fleck, der beim Weibchen verwaschen graublau ist. Die Art erinnert dadurch an die Kleine Königslibelle.

Die eigentliche Heimat dieser typischen Wanderlibelle ist Afrika. Sie ist ungewöhnlich wanderfreudig und wurde mehrfach auch in Deutschland gefunden. Ihre weitesten Vorstöße reichten bis
I Schleswig-Holstein, England, Irland und mehrfach sogar bis Island. Manchmal taucht sie mitten im Winter auf (z. B. im Februar 1903 an der englischen Südküste). Einige Male hat sie sich in Südfrankreich (Camargue) entwickelt, von wo auch die nebenstehende Aufnahme stammt.

Anax parthenope ♂, Salin de Giraud Ca 24. 6. 85
Hemianax ephippiger ♂, St. Maries d. l. M. Ca 5. 8. 88
Fot. H. U. Kohler

Familie Gomphidae – Flußjungfern

Die Flußjungfern sind die einzigen Großlibellen mit deutlich voneinander getrennten Komplexaugen. Die Männchen haben auffallende „Öhrchen“ am 2. Abdominalsegment und an der Basis eckige Hinterflügel. Alle heimischen Arten haben schwarz-gelbe oder schwarz-grüne Färbungen. In Europa kommen 12 Arten vor. Mit Ausnahme einer Art sind alle der 7 heimischen Vertreter hochgradig gefährdet, 2 sind sogar schon ausgestorben. Fast alle Gomphiden entwickeln sich in Fließgewässern und stellen hohe Ansprüche an die Wasserqualität.

Gomphus vulgatissimus Linné 1758
Gemeine Keiljungfer

Die Gemeine Keiljungfer erreicht 45 bis 50 mm Körperlänge. Ihre Beine sind einfarbig schwarz (alle anderen Arten haben gestreifte Beine). Der Hinterleib ist beim Männchen in Höhe der Segmente 7 bis 9 deutlich keilförmig verbreitert. Auch beim jungen Weibchen ist diese Verbreiterung deutlich, sie verliert sich aber mit dem Heranreifen der Eier und dem damit verbundenen Anschwellen des Hinterleibs. Das Weibchen und das junge Männchen sind schwarz-gelb gefleckt, das reife Männchen schwarz-grünlich. Die Flugzeit beginnt schon Anfang Mai und endet im Juli.

Gomphus vulgatissimus entwickelt sich in sandigen Bächen und Flüssen, gelegentlich auch in klaren, kühlen Seen mit Brandungsufer. Die Art ist sehr empfindlich gegen Gewässerverschmutzung und Bachregulierungen. Daraus resultiert die geradezu paradoxe
1 Situation, daß eine Art, die Linné 1758 als „vulgatissimus“, also „äußerst gemein“, erlebte, heute dem Aussterben nahe ist. In Deutschland sind gegenwärtig nur noch wenige Stellen bekannt, an
G denen *G. vulgatissimus* regelmäßig zu beobachten ist. Dazu gehören klare Heidebäche in Norddeutschland, Auegewässer der Oberrheinischen Tiefebene und Seeausflüsse im Alpenvorland.

Die **Larve** (S. 83 unten) ist auffallend flachgedrückt und verhältnismäßig breit gebaut. Mit Hilfe ihrer kräftigen Grabbeine wühlt sie sich am Rande von Sandbänken in den Bachgrund. Zu ihrer Entwicklung benötigt sie mindestens 3 Jahre.

Gomphus vulgatissimus, junges ♂, Rotenburg LH 6. 75
Gomphus vulgatissimus, junges ♀, Freckenfeld Pf 8. 6. 85

Gomphus pulchellus Sélys 1840
Westliche Keiljungfer

Die Westliche Keiljungfer gleicht in der Größe der vorangegangenen Art, ist aber deutlich schlanker und zierlicher gebaut. Das Abdomen ist bei beiden Geschlechtern hinten nicht erweitert. Die dunklen Zeichnungen sind sehr schmal, so daß insgesamt die helle Zeichnung überwiegt. Auf der Oberseite des Abdomens verläuft ein durchgehendes, helles Längsband. Die hellen Körperpartien verändern sich von einem reinen Gelb im Jugendzustand zu einem verwaschenen grauoliv im Alter. Die Augen sind bei ausgefärbten Tieren blaugrau. Die Flugzeit reicht von Mitte Mai bis Mitte August.

Gomphus pulchellus ist die einzige Art ihrer Familie, die sich vorzugsweise in stehenden Gewässern entwickelt. Sie lebt an klaren, vegetationsarmen Seen mit kiesigen Ufern und hat offenbar in den sich überall vermehrenden Baggerseen ihren Optimallebensraum gefunden. So ist diese Art die einzige Gomphide, die nicht nur ihre Fundorte behauptet, sondern sich sogar stetig weiter ausbreitet. Während sie vor 30 Jahren zu den seltensten Libellen in Mitteleuropa gehörte, ist sie mittlerweile zwischen Bodensee und Elbe allgegenwärtig, gebietsweise sogar recht häufig, vor allem in den Flußtälern mit Kiesabbau. Sie zeigt damit ähnliche Ausbreitungstendenzen wie *Cercion lindeni*, mit der sie oft vergesellschaftet ist.

Die Westliche Keiljungfer sonnt sich oft auf den Kiesufern der Baggerseen. Sie ist nicht besonders scheu und daher leicht zu beobachten. Das Paarungsrad läßt sich meist in der Ruderalvegetation in Ufernähe nieder. Nach der Paarung fliegt das Weibchen zum Gewässer zurück und wirft die Eier ins Wasser ab, indem sie mit dem Abdomen nach unten pendelt.

Die **Larve** (S. 83 Mitte) ist ebenso flach wie die *vulgatissimus*-Larve. Ihr Abdomen ist hinten in eine Spitze ausgezogen, indem das 9. Segment verlängert ist (dieses ist etwa so lang wie breit, bei *G. vulgatissimus* fast doppelt so breit wie lang). Die Entwicklungsdauer ist nicht sicher bekannt; sie dürfte etwa 3 bis 5 Jahre betragen.

In Südeuropa kommen noch 2 weitere, ähnliche *Gomphus*-Arten vor: *Gomphus graslini* Rambur 1842 in Südwest-Frankreich und *Gomphus schneideri* Sélys 1850 auf der südöstlichen Balkanhalbinsel.

Gomphus pulchellus, junges ♂, Leipheim BS 16. 6. 85
Gomphus pulchellus, junges ♀, Oberfahlheim BS 15. 6. 85

Gomphus flavipes Charpentier 1825
Asiatische Keiljungfer

(= **Stylurus flavipes** Schmidt 1987)

Die Asiatische Keiljungfer ist etwas schlanker und langgestreckter als *Gomphus vulgatissimus* (Körperlänge 50 bis 55 mm). Im Gegensatz zu dieser sind bei ihr die schwarzen Beine in größerer Ausdehnung gelb gezeichnet. Ein markantes Merkmal sind die schwarzen Längsstreifen oben auf dem vorderen Thoraxabschnitt: Die jederseits 3 Streifen sind gleichweit voneinander entfernt, so daß zwischen ihnen jeweils gleichbreite, gelbe Streifen liegen. Bei allen übrigen *Gomphus*-Arten ist dagegen der erste helle Streifen breiter als der zweite, außen liegende. Die helle Grundfärbung ist beim ausgefärbten Männchen blaßgelb, leicht ins Grünliche spielend, beim Weibchen dagegen leuchtend goldgelb. Die Schlüpfzeit dieser Art erstreckt sich über einen recht langen Zeitraum, von Anfang Juni bis Anfang August; die Flugzeit reicht noch bis Ende September.

Während *G. vulgatissimus* mehr die Oberläufe der Bäche besiedelt, bevorzugt *G. flavipes* die Unterläufe größerer Flüsse mit ganz feinen Bodenbestandteilen; beide Arten können aber auch gemeinsam an den gleichen Flußabschnitten auftreten. Während die Asiatische Keiljungfer in den westlichen Bundesländern schon seit vielen Jahren verschollen ist (der letzte Nachweis von der Elbe im Raum Hamburg stammt aus dem Jahr 1929), kommt sie im östlichen Deutschland gebietsweise noch in guten Beständen vor, etwa im oberen Abschnitt der Spree und an der Oder. Doch auch hier ist sie durch Gewässerverschmutzung und wasserbauliche Maßnahmen vom Aussterben bedroht. Die sonst in Osteuropa und Asien beheimatete Art besitzt außerdem noch ein isoliertes, kleines Vorkommen in Südwest-Frankreich.

Die **Larve** (S. 83 oben) ist durch ihre stark in die Länge gezogene Abdomenspitze kaum mit einer anderen Gomphiden-Larve zu verwechseln, höchstens mit der von *Gomphus pulchellus*. Während bei dieser aber das 9. Segment etwa ebenso lang wie breit ist, wird es bei *G. flavipes* fast doppelt so lang. Man findet die *flavipes*-Larve vorzugsweise in ruhigen Buchten, wo sie sich in den feinen Sandboden eingräbt.

Gomphus flavipes ♂, Beeskow Bra 27. 7. 87
Gomphus flavipes ♀, Beeskow Bra 22. 7. 89

Gomphus simillimus Sélys 1840
Gelbe Keiljungfer

Die Gelbe Keiljungfer ist leicht mit anderen Arten der Gattung zu verwechseln (darauf nimmt auch der wissenschaftliche Name Bezug). Am meisten ähnelt sie der Westlichen Keiljungfer, unterscheidet sich von dieser aber durch ihren kräftigeren Körperbau und das beim Männchen keilförmig erweiterte Abdomen. Außerdem erscheinen bei ihr die schwarzen Thorax-Streifen breiter; so sind etwa der zweite und der dritte Streifen breiter als der zwischen ihnen liegende, hell gefärbte Raum (S–49). Von der ebenfalls ähnlichen Asiatischen Keiljungfer läßt sie sich am leichtesten durch die dichter beieinanderliegenden äußeren Streifen unterscheiden (vergl. S–48 und S–49). Die Flugzeit liegt zwischen Mitte Mai und Ende Juli; im Norden ihres Verbreitungsgebietes fliegt sie auch noch im August.

1 Die Gelbe Keiljungfer ist westmediterran verbreitet und z. B. in Südfrankreich nicht selten. In Deutschland wurde sie erstmals Ende der fünfziger Jahre dieses Jahrhunderts am Bodensee gefunden; weitere Funde vom Anfang dieses Jahrhunderts stammen aus
G dem benachbarten Schweizer Grenzgebiet am Hochrhein. Dort kommt die Art entgegen anderslautender Angaben (sie wird beispielsweise in der Roten Liste der BRD als ausgestorben geführt) sowohl auf deutschem wie auch schweizerischem Gebiet auch heute noch vor, wie die Abbildung des Weibchens belegt. Sie ist hier allerdings, vor allem durch wasserbauliche Maßnahmen, ernsthaft vom Aussterben bedroht. Zur Sicherung dieser einzigen mitteleuropäischen Population erscheinen gezielte Schutzmaßnahmen dringend geboten.

Die Art bewohnt offenbar ausschließlich Fließgewässer. Vor der Eiablage läßt das Weibchen einen etwa erbsengroßen Eiklumpen aus der Genitalöffnung austreten (siehe untere Abbildung), fliegt mit diesem dann zum Wasser und taucht dort die Abdomenspitze ein.

Die **Larve** (S. 84 Mitte) ähnelt sehr der *vulgatissimus*-Larve. Ihr fehlen aber die Seitendorne am 6. Segment.

Gomphus simillimus ♂, Mas Thibert Ca. 22. 6. 85
Gomphus simillimus ♀, Lottstetten Bd. 27. 7. 89
Fot. H. U. Kohler

Familie Gomphidae – Flußjungfern

Ophiogomphus serpentinus Charpentier 1825
Grüne Keiljungfer

(= **Ophiogomphus caecilia** Fourcroix 1785)

Die Grüne Keiljungfer unterscheidet sich deutlich von den übrigen Gomphiden: der Thorax ist grün mit schmalen, schwarzen Streifen, das Abdomen schwarz-gelb (auf Segment 1 und 2 schwarz-grün) gefleckt. Die Körperlänge beträgt 50 bis 55 mm. Beim Männchen ist das Abdomen im Bereich der Segmente 8 und 9 deutlich keilförmig erweitert. Die Flugzeit beginnt Anfang Juli und reicht oft bis in den Oktober.

Ophiogomphus serpentinus lebt vorzugsweise an sandigen Bächen mit bewaldeten Ufern. Sie reagiert, wie die meisten Arten dieser Familie, sehr empfindlich auf Ausbaumaßnahmen und Verunreini-
1 gungen der Gewässer. Gute Vorkommen gibt es zur Zeit noch in der Lüneburger Heide, in der Pfalz und im nördlichen Bayern. Verschiedentlich wurde sie an Grenzbächen zu unseren östlichen Nachbarstaaten gefunden. Dabei handelt es sich offensichtlich um
G Gebiete, die aus wasserbaulicher Sicht „vernachlässigt" wurden. Wegen ihrer hohen Ansprüche ist die Art vom Aussterben bedroht.

Die **Larve** (S. 84 unten) ist nicht so flach wie die *Gomphus*-Larven. Auf ihrem Abdomenrücken trägt sie deutliche, gebogene Dorsaldorne, an den Segmenten 7 bis 9 auch Lateraldorne. Wie bei den Larven der Zangenlibellen und bei der Larve von *Cordulegaster boltoni* reichen die Flügelscheiden schräg am Körper herunter. Die *Ophiogomphus*-Larve hält sich an vegetationsarmen Stellen des Bachgrundes in Sandbänken auf. Sie benötigt für ihre Entwicklung mehrere Jahre.

Ophiogomphus serpentinus ♂, Roth Fr 16. 7. 76
Ophiogomphus serpentinus ♀, Rotenburg LH 9. 75

Familie Gomphidae – Flußjungfern

Onychogomphus forcipatus Linné 1758
Kleine Zangenlibelle

Die Kleine Zangenlibelle erreicht ca. 50 mm Körperlänge. Sie ähnelt durch ihre schwarz-gelbe Zeichnung den *Gomphus*-Arten. Das Gelb geht im Thoraxbereich ins Grünliche, an den Abdomenseiten ins Weißliche. Die Augen sind matt grün gefärbt. Das auffallendste Merkmal des Männchens sind die mächtig entwickelten, schwarzbraunen Hinterleibszangen, die an den Spitzen nach innen gebogen sind. Diese Zangen fehlen dem Weibchen. Auffallend bei beiden Geschlechtern sind ferner die sehr breiten Thoraxbinden, die auch an den Thoraxseiten deutlich ausgebildet sind.
Im Mittelmeergebiet wird die mitteleuropäische Unterart *O. forcipatus forcipatus* (oberes Bild), auf die sich die zuvor genannten Angaben beziehen, durch die südeuropäische Unterart *O. forcipatus unguiculatus* (unteres Bild) ersetzt. Diese hat eine wesentlich weiter ausgedehnte, satte Gelbfärbung und blaugrüne Augen. Außerdem sind die Zangen des Männchens gelblich, so daß die Unterscheidung von der Großen Zangenlibelle nicht einfach ist (Trennmerkmale s. dort). Die Flugzeit beginnt Mitte Juni, in Südeuropa auch schon Ende Mai, und endet im August.
Onychogomphus forcipatus entwickelt sich in schnellfließenden Bächen, aber auch in breiten Flüssen, in sandigen Seen und oft in Seeausflüssen. Die Art ist selten und hat heute bei uns nur noch
2 wenige Fundorte, z. B. im Nahegebiet, am Westabhang des Schwarzwaldes, am Hochrhein und im bayerischen Alpenvorland. Sie ist stark gefährdet.
Die Männchen besetzen Steine am Ufer und erwarten dort das Auftauchen der Weibchen. Geschlechtsgenossen werden bekämpft. Dabei kommt es aber nicht zu festen Revieren der einzelnen Individuen; die Aufenthaltsorte wechseln immer wieder (KAISER 1974b).
Die **Larve** (S. 85 Mitte) hat wie die *Ophiogomphus*-Larve schräg herabführende Flügelscheiden. Auf dem Abdomenrücken trägt sie nur schwach entwickelte Höcker, keine Dorne.

202 *Onychogomphus forcipatus forcipatus* ♂, Walchsee Ti 29. 6. 86
Onychogomphus forcipatus unguiculatus ♀, Mas Thibert Ca 22. 6. 85

Familie Gomphidae – Flußjungfern

Onychogomphus uncatus Charpentier 1840
Große Zangenlibelle

Die Große Zangenlibelle ist nur wenig größer als die vorangegangene Art. Von deren mitteleuropäischer Unterart ist sie leicht zu unterscheiden, da sie blaugrüne Augen und als Männchen gelbe Hinterleibszangen besitzt. Schwieriger wird die Trennung von *O. forcipatus unguiculatus*. Ein sicherer und auch in Fotos fast immer sichtbarer Unterschied ist oben auf dem Kopf zwischen den Komplexaugen erkennbar. Zwischen der gelben Stirn und einem gelben Fleck, der die beiden Augen miteinander verbindet, liegt bei *O. uncatus* eine breite, einfarbig schwarze Binde; bei *O. forcipatus* aber ist in dieser Binde ein weiterer gelber Fleck eingebettet, der seitlich nicht bis zu den Augen reicht. Die schwarzen Thoraxstreifen, vor allem die Seitenbinden, sind außerdem bei *O. uncatus* viel breiter und ausgedehnter als bei *O. forcipatus unguiculatus*. Schließlich haben die Zangen des Männchens ein breites, stumpfes Ende, während sie bei der kleineren Art gekerbt sind. Die Flugzeit entspricht weitgehend der der Kleinen Zangenlibelle.

Onychogomphus uncatus kommt offenbar nur an Fließgewässern vor. Die Art bevorzugt steinige, schnellfließende Bäche und Flüsse. Die westmediterran verbreitete Libelle ist in Südfrankreich gebietsweise nicht selten. Sie tritt aber meist weniger zahlreich auf als die wohl immer mit ihr vergesellschaftete Schwesterart. In Mitteleuropa gab es bis vor wenigen Jahren eine isolierte Population am Hochrhein bei Schaffhausen. Dort wurde die Große Zangenlibelle über einen Zeitraum von fast 100 Jahren in z. T. großen Individuenzahlen beobachtet. Inzwischen ist diese Population jedoch erloschen; die letzte Beobachtung auf deutschem Boden datiert aus dem Jahr 1970, der letzte schweizerische Nachweis von 1979.

Die **Larve** (S. 85 oben) ähnelt mehr noch als die *forcipatus*-Larve der der Grünen Keiljungfer, da sie ebenfalls deutliche Dorsaldorne besitzt. Sie hat aber nur an den Segmenten 8 und 9 Lateraldorne.

In Spanien kommt als dritte Art dieser Gattung noch *Onychogomphus costae* Sélys 1885 vor. Diese Zangenlibelle ist deutlich kleiner und fast einfarbig gelbbraun.

Onychogomphus uncatus ♂, Sigonce Pr 15. 7. 86
Onychogomphus uncatus ♀, Arles Ca 3. 7. 90
Fot. H. U. Kohler

Familie Cordulegasteridae – Quelljungfern

Die Quelljungfern sind sehr große, schwarz-gelb gezeichnete Anisopteren mit leuchtend grünen Augen. Die Augen berühren sich in der Kopfmitte nur in einem Punkt. Die Männchen haben „Öhrchen“ am 2. Abdominalsegment und Hinterflügel mit eckig verbreiterter Basis. Bei den Weibchen ist eine lange, stilettförmige Legeröhre entwickelt, die die Abdomenspitze nach hinten überragt. In Europa kommen nur 5 Arten vor, in Mitteleuropa 3 (davon 2 in Deutschland). Sie entwickeln sich in schmalen Fließgewässern.

Cordulegaster boltoni Donovan 1807 **Zweigestreifte Quelljungfer**
(= **Cordulegaster annulatus** Latreille 1805)

Das Weibchen der Zweigestreiften Quelljungfer erreicht bis 85 mm Körperlänge und wird damit größer als die großen Edellibellen. Beide Geschlechter gleichen sich in der Färbung. Der schwarze Thorax ist mit gelben Antehumeralstreifen und Seitenbinden gezeichnet. Das Abdomen trägt gelbe, meist in der Mitte unterbrochene Querbinden, eine breitere in der Mitte und eine schmälere am Hinterrand der Segmente. Das Hinterhauptsdreieck (hinten zwischen den Augen) ist gelb. Die Flugzeit beginnt Anfang Juni und endet im August.

Cordulegaster boltoni lebt an Bergbächen und sandigen Tieflandbächen mit guter Wasserqualität, z. T. an sehr schmalen Rinnsalen. An größeren Flüssen dagegen fehlt die Art. Sie ist vor allem im Bereich der Mittelgebirge weit verbreitet, kommt aber auch in der
3 Norddeutschen Tiefebene (Lüneburger Heide) und in den Alpen vor. Wie alle Fließwasserarten ist sie gegen Gewässerverunreinigung empfindlich und daher gefährdet.

Die Männchen sieht man manchmal in größerer Zahl an schmalen Bachläufen entlangfliegen. Sie setzen sich auch häufiger ab. Die Weibchen sind dagegen nur selten zu beobachten. Die Eiablage geschieht im Flug. Das Weibchen bohrt dabei seinen Legestachel, mit senkrecht gehaltenem Körper nach unten stoßend, ins seichte Bachbett.

Die **Larve** (S. 86 oben) wird sehr groß und kräftig (bis über 40 mm). Sie hat schräg herabreichende Flügelscheiden und an den Segmenten 8 und 9 Lateraldorne.

Cordulegaster boltoni ♂, Waldburg OS 14.7.87

Cordulegaster bidentatus Sélys 1843
Gestreifte Quelljungfer

Die Gestreifte Quelljungfer gleicht in der Größe der vorangegangenen Art. Die gelbe Zeichnung ist bei ihr etwas geringer entwickelt. So tragen die Segmente 4 bis 7 jeweils nur ein gelbes Fleckenpaar, bei *C. boltoni* dagegen 2. Das Hinterhauptsdreieck ist schwarz, kann aber von hinten gelb gefleckt sein. Außerdem haben die oberen Anhänge unterseits 2 Zähnchen (bei *C. boltoni* nur eines). Die Flugzeit reicht von Mai/Juni bis Anfang August.

Cordulegaster bidentatus lebt meist an winzigen Quellrinnsalen. Besonders typisch sind Quellaustritte mit Kalktuffablagerungen. Oft handelt es sich dabei mehr um überrieselte Moospolster als um erkennbare Gewässer. Die Art galt früher als sehr selten, wurde bisher aber an vielen Orten übersehen, da man an ihren Fundplätzen im allgemeinen keine Libellen vermutet. Inzwischen ist ihr Vorkommen für die meisten deutschen Mittelgebirge und das Alpenvorland belegt. Die Populationsgrößen sind aber meist sehr gering, und
2 die Art kann in manchen Jahren ganz fehlen. Die größte Gefahr droht ihr von seiten der Forstwirtschaft. Viele ihrer z. T. winzigen Entwicklungsgewässer sind durch Fichtenaufforstungen hochgra-
G dig bedroht. Sie ist daher stark gefährdet.

Die **Larve** (S. 86 Mitte) unterscheidet sich deutlich von der *boltoni*-Larve. Sie hat keine Lateraldorne am Abdomen und parallel angeordnete Flügelscheiden. Sie gräbt sich in den Boden ein, indem sie den Sand zur Seite schiebt und sich unter schüttelnden Bewegungen in die Vertiefung drückt, wobei die Bodenpartikel wieder über ihr zusammenfallen. Nur der Kopf, die Vorderbeine und die Analpyramide schauen dann noch aus dem Bachbett hervor. Sie benötigt vermutlich 3 bis 5 Jahre zu ihrer Entwicklung.

In Österreich und Jugoslawien kommt mit *Cordulegaster heros* Theischinger 1979 noch eine dritte mitteleuropäische Quelljungfer vor. Diese erst vor kurzem beschriebene Art (THEISCHINGER 1979) ist deutlich größer als die anderen (Weibchen bis 96 mm Körperlänge) und damit die größte europäische Libelle. Als auffälligstes Merkmal hat der vordere Thorax-Seitenstreifen am Hinterrand einen deutlichen Knick (S–50). Bisher existiert offenbar kein Foto dieser interessanten Neuentdeckung

Cordulegaster bidentatus,
frisch geschlüpftes ♂ mit Exuvie, Buchenbrunn
Ag 6. 6. 87

Familie Corduliidae – Falkenlibellen

Die Falkenlibellen haben mit einer Ausnahme (*Epitheca*) eine metallische Grundfärbung und grünmetallische bis blaugrüne Augen. Die Männchen haben in den meisten Fällen „Öhrchen" am 2. Segment und eine eckige Hinterflügelbasis. In der Körperform und Größe erinnern sie an die Segellibellen, durch ihren ausdauernden Flug mehr an die Edellibellen. In Europa kommen 9 Arten vor, in Mitteleuropa und Deutschland 7.

Cordulia aenea Linné 1758
Gemeine Smaragdlibelle

(= **Cordulia aeneaturfosa** Förster 1902)

Die Gemeine Smaragdlibelle erreicht 50 bis 55 mm Körperlänge. Ihr Körper glänzt metallisch dunkelgrün bis kupfern, die Augen leuchten smaragdgrün. Beim Männchen ist das Abdomen nach hinten keulig verdickt; die breiteste Stelle liegt zwischen dem 7. und 8. Segment. Das Weibchen hat ein zylindrisches Abdomen ohne auffallende Legeröhre. Die Flugzeit beginnt Anfang Mai und endet Anfang August.

Cordulia aenea bewohnt vorzugsweise kleinere Seen und Weiher, oft auch extensiv bewirtschaftete Fischteiche. In Deutschland ist sie weit verbreitet, wird aber nach Norden etwas seltener.

Die Art ist ein sehr ausdauernder Flieger; nur selten sieht man die Männchen sitzen. Sie patrouillieren an den Gewässerufern entlang auf der Suche nach Weibchen. Diese halten sich zur Eiablage meist an versteckten Stellen im Schilfgürtel auf. Sie werfen die Eier im Schwirrflug durch wippende Bewegungen des Abdomens ins Wasser.

Die **Larve** (S. 87 unten) hat auffallend lange Beine und ein etwas abgeflachtes, breites Abdomen. Die Dorsaldorne sind niedrig und fallen kaum auf. Die Entwicklung ist meist zweijährig; beim zweiten Mal überwintert das letzte Larvenstadium.

Cordulia aenea ♂, Oberfahlheim BS 1. 6. 85
Cordulia aenea, ♂ im Flug, Oberfahlheim BS 4. 6. 85

Somatochlora metallica Van der Linden 1825
Glänzende Smaragdlibelle

Die Glänzende Smaragdlibelle ist nicht leicht von der vorangegangenen Art zu unterscheiden, da sie ebenso wie diese nur selten absitzt. Sie wird etwas größer (bis 60 mm) und hat eine noch stärker glänzende, rein grüne bis goldgrüne Metallfärbung. Das Abdomen des Männchens ist (wie bei den übrigen Arten dieser Gattung) in der Mitte, also zwischen den Segmenten 5 und 6, am breitesten. Das Weibchen hat eine sehr auffallende, rechtwinklig nach unten abstehende Legeröhre von ca. 3 mm Länge. Die Flugzeit liegt später als bei *Cordulia*, sie beginnt z. T. Ende Mai, hat ihren Höhepunkt aber erst im Juli und August und endet im September.

Somatochlora metallica bewohnt wie die vorangegangene Art vorzugsweise stehende Gewässer mittlerer Größe. Beide Arten kommen oft gemeinsam vor. Besonders regelmäßig trifft man *S. metallica* an Teichen mit bewaldeten Ufern. Sie ist bei uns regelmäßig verbreitert, aber meist etwas seltener als *C. aenea*, in Norddeutschland jedoch häufiger als diese.

Das Weibchen nimmt bei der Eiablage eine recht merkwürdige Haltung ein. Es biegt die Abdominalsegmente 9 und 10 rechtwinklig nach oben, so daß sie die gerade Fortsetzung der am Hinterrand von Segment 8 nach unten abstehende Legeröhre (die eine nach hinten offene Rinne darstellt) bilden. Anschließend taucht es im Rüttelflug die Legeröhre unter wippenden Bewegungen des Abdomens ins Wasser, so daß die austretenden Eier abgestreift werden.

Die **Larve** (S. 88 Mitte) ist kräftiger, aber etwas schmäler als die *Cordulia*-Larve. Sie besitzt außerdem sehr auffällige, deutlich gebogene Dorsaldorne. Die Entwicklungsdauer beträgt 2 bis 3 Jahre.

 Somatochlora metallica, frisch geschlüpftes ♂, Humlangen OS 19. 6. 82

Somatochlora metallica ♀, Feldsee Bd 9. 80, Fot. H. Itzerott

Somatochlora flavomaculata Van der Linden 1825 – **Gefleckte Smaragdlibelle**
(= **Somatochlora aenea** Linné 1758 part.)

Die Gefleckte Smaragdlibelle gleicht in der Größe etwa der Glänzenden Smaragdlibelle. Ihr Abdomen ist dunkler, fast schwarz, und glänzt weniger als bei dieser. An den Segmentseiten liegen beim Männchen kleine, dreieckige Flecke, die zunächst gelblich, später braun gefärbt sind. Beim alten Männchen sind diese Flecke kaum noch erkennbar. Das Weibchen hat an den Seiten der Abdominalsegmente sehr große, gelbe Dreiecke, die auch von oben sichtbar sind. Die Flugzeit reicht von Ende Mai bis in den September.
Somatochlora flavomaculata bewohnt sumpfige Wiesen und Flachmoore, nicht dagegen typische Hochmoore. Nur selten fliegt sie über offenen Gewässern; meist sieht man die Männchen auf Wegen oder über Schwingrasen hin und her patrouillieren. Ihre Entwicklungsgewässer sind verwachsene Gräben, kleine Moortümpel und
3 gelegentlich dicht bewachsene Teiche. Die Art ist in Deutschland weit verbreitet, aber nur in manchen Gegenden, z. B. im Alpenvorland, häufiger anzutreffen. Sie gilt als gefährdet.
Die **Larve** (S. 88 unten) ähnelt durch ihre langen Dorsaldorne der *metallica*-Larve. Die Dorne sind aber schräg nach hinten gerichtet und nicht so stark gebogen wie bei dieser. Außerdem hat die *flavomaculata*-Larve am 8. Segment kurze, am 9. lange Lateraldorne; bei *S. metallica* sind diese Dorne an beiden Segmenten relativ kurz. Die Entwicklungsdauer dürfte etwa 3 Jahre betragen.

Somatochlora flavomaculata ♂, Längsee Ti 29. 6. 86
Somatochlora flavomaculata ♀, Federsee OS 23. 7. 74,
Fot. H. Heidemann

Somatochlora alpestris Sélys 1840
Alpen-Smaragdlibelle

Die Alpen-Smaragdlibelle ist etwas kleiner als die beiden vorangegangenen Arten (45 bis 50 mm Körperlänge). Ihr Thorax glänzt metallisch grün, das Abdomen ist mattschwarz und glänzt nur etwas an der Basis. An hellen Zeichnungen sind schmale, weiße Ringe an den Hinterrändern des 2. und 3. Abdominalsegments entwickelt. Diese Ringe sind in der Rückenmitte unterbrochen. Das Weibchen besitzt außerdem einen kleinen, weißen Seitenfleck auf Segment 2. Sehr auffallend sind auch bei dieser Art die leuchtend blaugrünen Augen. Die Flugzeit beginnt Ende Juni und erstreckt sich bis in den September.

Somatochlora alpestris ist bei uns, wie *Aeshna caerulea*, eine Libelle der alpinen Moore. Sie wird nur selten in Höhen von weniger als 1000 m gefunden, geht aber andererseits bis auf über 2000 m. Sie kommt sehr selten im Harz, im Schwarzwald und in den Allgäuer Alpen vor. Nur an einer Stelle, im Murnauer Moos, wurde sie auch im Alpenvorland gefunden. Vielleicht ließen sich bei intensiver Suche noch weitere alpine Fundorte entdecken. Durch die landschaftsverändernden Maßnahmen zur Förderung des Skitourismus sind aber alle alpinen Moore (die vielfach nur winzige Flächen
2 bedecken) hochgradig bedroht. *Somatochlora alpestris* ist daher bei uns stark gefährdet.

Die **Larve** (S. 89 Mitte) hat weder Dorsal- noch Lateraldorne und ähnelt dadurch sehr der Larve von *Somatochlora arctica*. Die Abdominalsegmente sind nur an den Rändern mit langen Haaren besetzt, während sie bei *S. arctica* auf der ganzen Fläche lang behaart sind.

Somatochlora alpestris ♂, Ellmau Ti 3. 8. 85
Somatochlora alpestris ♀, Prättigau Gr 8. 81, Fot. H. Wildermuth

Familie Corduliidae – Falkenlibellen

Somatochlora arctica Zetterstedt 1840
Arktische Smaragdlibelle

Die Arktische Smaragdlibelle gleicht in der Körpergröße der Alpen-Smaragdlibelle. Sie ähnelt ihr auch in der Färbung. Der Thorax glänzt grün metallisch, das Abdomen ist mattschwarz oder leicht bronzeglänzend. Beim Männchen sind die Seiten und der Hinterrand von Segment 2 gelb, beim Weibchen fällt vor allem ein gelber Fleck an der Seite von Segment 3 auf. Ein deutlicher Unterschied besteht in der Form der oberen Anhänge des Männchens. Diese laufen bei *S. arctica* an der Basis parallel und sind in der distalen Hälfte wie zu einem Ring nach innen gebogen. (Bei der anderen Art sind sie auf ganzer Länge pinzettenartig nach innen gebogen und außen leicht gezähnelt.) Die Flugzeit reicht von Ende Juni bis Mitte September.

Somatochlora arctica entwickelt sich in Moorschlenken, die in vielen Fällen kaum als Gewässer zu erkennen sind. Fast immer handelt es sich um torfmooshaltige Hoch- oder Zwischenmoorgewässer; nur ganz vereinzelt wurde ihre Entwicklung auch in Flachmoorschlenken nachgewiesen (WILDERMUTH 1986 a). Sie kommt bei uns in den Mooren der Norddeutschen Tiefebene, in verschiedenen Mittelgebirgen und im Alpenvorland vor. In den Alpen steigt sie gebietsweise bis auf fast 2000 m. An vielen ihrer höher gelegenen
3 Fundorte tritt sie gemeinsam mit *S. alpestris* auf. Sie ist bei uns gefährdet.

Die **Larve** (S. 89 oben) ist nicht einfach von der *alpestris*-Larve zu unterscheiden, ist aber auf der ganzen Fläche der Abdominalsegmente auffallend behaart. Man findet sie zuweilen in fast trockenen, nur gerade mit Wasser befeuchteten Torfmoospolstern. Die Entwicklungszeit dürfte 2 bis 3 Jahre betragen.

Somatochlora arctica ♂, Prättigau Gr. 8. 81, Fot. H. Wildermuth
Somatochlora arctica ♀, Ellmau Ti 3. 8. 85

Oxygastra curtisi Dale 1834
Gekielte Smaragdlibelle

Im Unterschied zu allen anderen Smaragdlibellen trägt die Gekielte Smaragdlibelle auf der Oberseite aller Hinterleibssegmente auffallende, gelbe Längsflecken. Thorax und Abdomen sind ansonsten metallisch grün. Das Abdomen ist schlank und erst bei den letzten Segmenten deutlich erweitert, so daß die Libelle etwas an eine Keiljungfer erinnert. Das Männchen besitzt oben auf dem 10. Segment einen deutlichen Mittelkiel (Name!). Die Flugzeit reicht von Juni bis August.

Oxygastra curtisi ist eine westmediterrane Art, die sich an Bächen
V und Flüssen entwickelt. Am häufigsten ist sie in Südwestfrankreich,
kommt aber auch in Holland und in der Schweiz vor. Von 1940 bis 1943 kam sie an der Sieg-Mündung bei Bergheim vor.

Epitheca bimaculata Charpentier 1825
Zweifleck

Dem 55 bis 60 mm großen Zweifleck fehlen die grünen Metallfarben der übrigen Falkenlibellen. Der Thorax ist dunkelbraun, das Abdomen hellbraun mit breiter schwarzer, gezackter Längsbinde in der Rückenmitte. An der Basis der Hinterflügel befindet sich ein großer, schwarzer Fleck. Die Art erinnert sehr an den Vierfleck und an das Weibchen des Spitzenflecks, ist aber größer. Die Flugzeit ist ungewöhnlich kurz, sie reicht von Ende Mai bis Ende Juni.

Epitheca bimaculata lebt an großen, sauberen Seen. Die Art wurde
1 in jüngster Zeit nur noch sehr selten gefunden und ist vom
Aussterben bedroht. Sie ist aber auch schwer nachzuweisen, da die
Männchen weit entfernt vom Ufer über dem offenen Wasser
fliegen und sich selten setzen. Einfacher als durch die direkte
G Beobachtung ist ein Nachweis durch die markanten Exuvien. Die
Larve (S. 87 Mitte) ist durch extrem lange Dorsal- und Lateraldorne gekennzeichnet.

Bei der Eiablage läßt das Weibchen zunächst aus der Genitalöffnung einen Gallerteklumpen hervorquellen, fliegt dann zum Wasser und taucht die Abdomenspitze ein. Dabei entrollt sich im Wasser ein ca. 20 cm langer, gallertiger Eistrang mit 1500 bis 2000 Eiern.

Oxygastra curtisi ♂, Anduze SF 7.83, Fot. H. Wildermuth
Epitheca bimaculata, junges ♂, Zuchtfoto 17.4.88

Familie Libellulidae – Segellibellen

Den mittelgroßen Segellibellen fehlen die metallischen Farben der Falkenlibellen. Die vorherrschenden Farbtöne sind Rot, Gelb, Braun und Schwarz, bei vielen Arten kommt außerdem eine wachsartige, hellblaue Bereifung hinzu. Die Männchen haben keine „Öhrchen" und die gleiche Flügelform wie ihre Weibchen. Der Flug ist nicht so ausdauernd wie bei den Falkenlibellen und Edellibellen. Aus dieser artenreichsten Libellenfamilie kommen in Europa 32 Arten vor, in Deutschland 22.

X

Libellula quadrimaculata Linné 1758
Vierfleck

Der Vierfleck erreicht 40 bis 50 mm Körperlänge. Beide Geschlechter gleichen sich in der Färbung. Die Grundfarbe des Körpers ist dunkelbraun. Das etwas abgeflachte Abdomen wird zur Spitze schwarz und ist an den Seiten der Segmente 3 bis 8 mit schmalen, gelben Flecken gezeichnet. Außer dem schwarzen Pterostigma trägt jeder Flügel einen weiteren dunklen Fleck am Nodus (d. h. in der Mitte des Vorderrandes); die Hinterflügel besitzen einen großen, schwarzen Fleck an der Basis. Bisweilen ist in Höhe des Pterostigma eine dunkle Binde entwickelt (*f. praenubila*, s. unteres Bild). Die Flugzeit reicht von Anfang Mai bis Mitte August.
Libellula quadrimaculata ist bei uns weit verbreitet und häufig. Besonders zahlreich trifft man die Art an Moorgewässern, aber auch an anderen Gewässertypen, vor allem pflanzenreichen Weihern und Teichen, kommt sie regelmäßig vor.
Die Paarung dauert nur wenige Sekunden und wird im Flug vollzogen. Nach der Trennung der Partner legt das Weibchen die Eier im Flug, indem es diese mit wippenden Bewegungen des Hinterleibs ins Wasser abwirft. In manchen Jahren kommt es gebietsweise zu einer Massenentwicklung dieser Art. Früher kam es gelegentlich sogar zu dichten Wanderschwärmen, vergleichbar mit Heuschreckenschwärmen.
Die **Larve** (S. 91 oben) ähnelt der Plattbauch-Larve, ist aber etwas länglicher und trägt eine deutliche, schwarze Maske zwischen den Augen. Sie hat eine zweijährige Entwicklung und überwintert beim zweiten Mal im letzten Stadium.

Libellula quadrimaculata ♂, Oberfahlheim BS 26. 6. 86
Libellula quadrimaculata f. praenubila, Kramsach Ti 23. 6. 85,
Fot. G. Lehmann

Familie Libellulidae – Segellibellen

Libellula depressa Linné 1758 – Plattbauch

(= **Platetrum depressum** Schmidt 1987)

Der Plattbauch gleicht in der Körpergröße etwa dem Vierfleck, ist aber deutlich breiter gebaut. Der stark abgeflachte Hinterleib ist breiter als bei allen anderen heimischen Libellen (6 bis 8 mm). Die Grundfärbung ist dunkelbraun, bei Jungtieren gelbbraun. Am Thorax sind weißliche oder gelbliche Antehumeralstreifen, an den Seiten der Abdominalsegmente halbmondförmige, gelbe Flecke zu erkennen. Beim Männchen überzieht eine hellblaue, wachsartige Bereifung den größten Teil des Abdomens. An der Basis beider Flügelpaare sind bei Männchen und Weibchen große, schwarzbraune Flecke entwickelt. Die Flugzeit reicht wie bei der vorangegangenen Art von Anfang Mai bis Mitte August.

Libellula depressa lebt vorwiegend an kleinen, vegetationsarmen Gewässern, besonders gern an Lehmtümpeln. In Sand- und Kiesgruben, die derartige Gewässer aufweisen, fehlt die Art fast nie. Sie ist bei uns weit verbreitet und allgemein häufig.

Die Männchen sitzen gern auf trockenen Ästen oder abgebrochenen Schilfhalmen, die in Ufernähe aus dem Wasser ragen. Nach einer Störung kehren sie fast immer in kürzester Zeit wieder zu ihrer gewohnten Sitzwarte zurück. Die Paarung, die nur wenige Sekunden dauert, vollzieht sich wie beim Vierfleck ausschließlich im Flug; auch die Eiablage geschieht in gleicher Weise wie bei diesem.

Die **Larve** (S. 90 unten) ist kurz und breit gebaut, ähnlich wie die Imago. Der Kopf ist fast würfelförmig, mit dunklen Streifen hinter den Augen. Auf dem Abdomen sind mehrere Längsreihen dunkler Flecke entwickelt. Die Zeichnungen sind aber oft kaum zu erkennen, da die Larve meist vollkommen mit Schlamm bedeckt ist. Sie kann sich selbst in kleinen Pfützen und wassergefüllten Fahrzeugspuren entwickeln, da sie sogar ein mehrwöchiges Austrocknen ihrer Wohngewässer tief im Schlamm eingegraben übersteht. Die Entwicklung dauert im allgemeinen 2 Jahre; die letzte Überwinterung erfolgt im letzten Stadium.

Libellula depressa ♂, Ramsberg Fr 18. 5. 86
Libellula depressa, junges ♀, Dornstadt SA 22. 5. 86

Familie Libellulidae – Segellibellen

Libellula fulva Müller 1764 – **Spitzenfleck**

(= **Ladona fulva** Schmidt 1987)

Der Spitzenfleck gleicht in der Größe den beiden anderen Arten seiner Gattung. Er ähnelt aber mehr einem Blaupfeil (*Orthetrum*), speziell das Männchen. Dieses hat einen dunkelbraunen Thorax und ein blau bereiftes Abdomen mit schwarzer Spitze. Ein deutlicher Unterschied zu den Vertretern der Gattung *Orthetrum* besteht in dem dreieckigen, schwarzbraunen Fleck an der Basis des Hinterflügels. Der für diese Art typische Spitzenfleck in jedem Flügel ist beim Männchen im allgemeinen sehr schwach entwickelt. Das Weibchen hat ein zunächst hell rotbraunes, später gelbbraunes und im Alter dunkelbraunes Abdomen mit zum Körperende größer werdenden, schwarzen Flecken von dreieckiger Form. Diese Flecke fügen sich zu einer gezackten Längsbinde zusammen. An den Flügelspitzen sind meist deutliche, rauchbraune Flecke entwickelt. Die Flugzeit ist ziemlich kurz: sie reicht von Ende Mai bis Juli/August.

Libellula fulva lebt an mittelgroßen, stehenden Gewässern, z. B. Weihern mit Schilfufer, und auch an langsam fließenden Bächen und Kanälen. Die Art ist bei uns nicht häufig und gilt als gefährdet.

L. fulva beginnt die Paarung ebenfalls im Flug; das Paarungsrad
3 setzt sich dann aber – anders als beim Vierfleck und Plattbauch – auf der Vegetation nieder. Die Paarung erstreckt sich zudem über einen Zeitraum von mehreren Minuten.

Die **Larve** (S. 91 Mitte) hat lange, schräg abstehende Dorsaldorne und unterscheidet sich dadurch deutlich von den beiden verwandten Arten. Sie ähnelt eher der Larve von *Somatochlora flavomaculata*, hat aber ein schmäler zugespitztes Abdomen und feiner gezähnte Seitenlappen der Fangmaske.

Libellula fulva ♂, Freckenfeld Pf 8. 6. 85
Libellula fulva ♀, Freckenfeld Pf 8. 6. 85

Familie Libellulidae – Segellibellen

Orthetrum coerulcscens Fabricius 1798
Kleiner Blaupfeil

Der Kleine Blaupfeil erreicht 40 bis 45 mm Körperlänge. Das ausgefärbte Männchen hat einen dunkelbraunen Thorax mit graugelben Antehumeralstreifen und ein blau bereiftes Abdomen. Manchmal sind auch Teile des Thorax etwas bläulich bereift. Junge Männchen und Weibchen sind leuchtend gelbbraun gefärbt; alte Weibchen werden dunkel olivbraun. Die Art ist oft nicht leicht von der folgenden zu trennen, besonders das Weibchen. Eine gute Unterscheidungsmöglichkeit bietet die Flügeladerung: bei *Orthetrum coerulescens* liegt zwischen der Radiusschaltader und dem untersten Rasiusseitenast eine einfache Zellreihe (S–64), während bei *O. brunneum* einige dieser Zellen verdoppelt sind (S–65). Die Flugzeit reicht von Ende Mai bis Ende August.

O. coerulescens lebt an Quellaustritten und schmalen, langsam fließenden Bächen und Gräben. Häufig ist die Art mit *Coenagrion mercuriale* vergesellschaftet; seltener kommt sie gemeinsam mit *O.*
2 *brunneum* in Kiesgruben vor. Sie ist bei uns selten und stark gefährdet. Im Mittelmeergebiet ist sie an schmalen Fließgewässern noch recht häufig und meist mit der nahe verwandten Art vergesellschaftet.

Die **Larve** (S. 93 unten) ist kaum von der folgenden Art zu unterscheiden. Sie ist fast zeichnungslos braungrau mit dunklen Flügelscheiden und hat an den Segmenten 8 und 9 ganz winzige Lateraldorne. Sie lebt eingegraben im Bachgrund, oft unmittelbar im Bereich von Quellaustritten mit wenigen Zentimetern Wassertiefe.

Orthetrum coerulescens ♂, Memmingen Ag 27. 6. 81
Orthetrum coerulescens ♀, Ellmau Ti 3. 8. 85

Familie Libellulidae – Segellibellen

Orthetrum brunneum Fonscolombe 1837
Südlicher Blaupfeil

Der Südliche Blaupfeil gleicht in der Größe weitgehend der vorangegangenen Art, von der er schwer zu unterscheiden ist. Außer dem Trennungsmerkmal nach dem Flügelgeäder (s. bei *Orthetrum coerulescens*) gibt es noch die folgenden Unterschiede: bei reifen Männchen überzieht die blaue Bereifung auch den Thorax vollständig; Antehumeralstreifen sind nicht erkennbar. Die Stirn ist weiß mit bläulichem Schimmer (bei *O. coerulescens* braun). Das Weibchen ist mehr grau gefärbt und hat weniger ausgedehnte, dunkle Zeichnungen auf dem Abdomen als das von *O. coerulescens*. Die Stirn ist weiß. Die Flugzeit beginnt im Juni und endet im August.

Orthetrum brunneum ist eine ausgesprochen südliche Libelle, die bei uns nur in Süddeutschland vorkommt. Früher entwickelte sie sich vorwiegend in langsam fließenden, sandigen Bächen. In den letzten Jahren wurde sie fast ausschließlich in Sand- und Kiesgruben gefunden. Hier fliegt sie vor allem an Sickerquellen und winzigen Rinnsalen, die von diesen abfließen, aber auch an flachen, stehenden
2 Gewässern. In machen Gruben kann sie gemeinsam mit *Libellula depressa* und *Ischnura pumilio* in großer Zahl vorkommen. Da die Bedingungen in derartigen Grubenarealen aber immer wieder star-
G ken und meist negativen Veränderungen unterworfen sind, ist die Art bei uns stark gefährdet.

Die **Larve** (S. 93 Mitte) ist leicht mit der der vorangegangenen Art, aber auch mit der des Plattbauchs zu verwechseln. Sie ist aber kleiner als letztere (18 bis 20 mm gegenüber 21 bis 25 mm im letzten Stadium). Von der *coerulescens*-Larve ist sie durch die fehlenden Lateraldorne am Abdomen und ein breites, weißes Längsband in der Pronotummitte zu unterscheiden. Man findet sie meist in winzigen Rinnsalen, vollkommen im Sand eingegraben und stark mit Schlamm verkrustet.

Im südlichen Mittelmeergebiet kommen noch 4 weitere Vertreter der Gattung *Orthetrum* vor, von denen einige dieser und der vorangegangenen Art außerordentlich ähneln.

Orthetrum brunneum ♂, Erkheim Ag 30. 6. 86
Orthetrum brunneum ♀, Bellenberg BS 8. 86, Fot. G. Maier

Familie Libellulidae – Segellibellen

Orthetrum cancellatum Linné 1758
Großer Blaupfeil

Der Große Blaupfeil ist mit 45 bis 50 mm Körperlänge etwas größer als die beiden vorangegangenen Arten. Das Männchen hat einen dunkelbraunen Thorax und auf den Abdominalsegmenten 2 bis 7 eine dichte, blaue Bereifung. Die letzten Segmente sind schwarz. Das Weibchen ist in der Jugend gelb-schwarz, später braun-schwarz gezeichnet. Über das Abdomen laufen oben 2 parallele, schwarze Längsstreifen. Die Flugzeit beginnt im Mai/Juni und endet im September.
Orthetrum cancellatum lebt an vegetationsarmen, größeren Seen, aber auch an stärker bewachsenen Weihern und Teichen. Besonders regelmäßig findet man die Art an Baggerseen mit kiesigen Ufern und an Kiesgrubengewässern. Sie ist bei uns weit verbreitet und häufig. Die Männchen sonnen sich gern auf Wegen und an offenen, kiesigen Stellen. Auch das Paarungsrad setzt sich während der 10 bis 15 Minuten dauernden Paarung meist am Boden ab. Dabei kratzen die Weibchen mit der Zeit die Bereifung der hinteren männlichen Abdominalsegmente ab, so daß alte, schon oft verpaarte Männchen nur noch auf den vorderen Segmenten ihre blaue Färbung behalten. Die Eiablage erfolgt immer ohne Begleitung durch das Männchen. Das Weibchen wirft die Eier durch wippende Bewegungen des Abdomens ins Wasser ab.
Die **Larve** (S. 92 oben) trägt auf den Segmenten 7 bis 9 des sonst einfarbig graubraunen Abdomens dreieckige, dunkle Fleckenpaare und ist dadurch leicht zu erkennen. Sie benötigt zu ihrer Entwicklung 2 Jahre.

Orthetrum cancellatum ♂, Erkheim Ag 30. 6. 86
Orthetrum cancellatum, junges ♀, Oberfahlheim 16. 6. 86

Familie Libellulidae – Segellibellen

Orthetrum albistylum Sélys 1848
Östlicher Blaupfeil

Der Östliche Blaupfeil gleicht dem Großen Blaupfeil in der Körpergröße, ist aber deutlich schlanker gebaut. Das Abdomen ist schmäler als bei *Orthetrum cancellatum*, aber im Bereich der Segmente 2 und 3 auffallend hoch. Der Thorax ist dunkelbraun und mit einer weißen Mittellinie und 2 weißen Seitenstreifen gezeichnet. Die oberen Anhänge sind weiß, bei älteren Männchen an der Basis verdunkelt. Beim Weibchen ist auch das 10. Segment weiß; das Abdomen ist sonst gelbbraun, an den Seiten z. T. weiß und wie bei der vorangegangenen Art mit 2 parallelen, schwarzen Längsbinden gezeichnet. Beim Männchen sind die Segmente 2 bis 6 oben hellblau, fast weißlich bereift. Die Flugzeit reicht von Anfang Juni bis August/September.

Orthetrum albistylum hat seinen Verbreitungsschwerpunkt in Südosteuropa, kommt aber im Westen bis Südwestfrankreich vor. In Mitteleuropa ist die Art recht selten. Sie taucht in günstigen Jahren in Süddeutschland als Vermehrungsgast auf, vor allem in Kiesgruben und an Baggerseen in der Oberrheinischen Tiefebene und an Seen des Alpenvorlands. Offenbar finden auch immer wieder für einige Jahre erfolgreiche Ansiedlungsversuche statt, wurden für
V Deutschland aber noch nicht sicher nachgewiesen. Für das Elsaß und die Nordschweiz gibt es Exuviennachweise bzw. Nachweise frisch geschlüpfter Imagines (WILDERMUTH 1986 b). Die letzten Vorposten ihres geschlossenen Verbreitungsgebietes in den Steppen Osteuropas finden sich im Gebiet des Neusiedler Sees.

Die **Larve** (S. 92 Mitte) ähnelt der *cancellatum*-Larve. Ihr fehlen aber die für diese Art typischen, niedrigen Dorsaldorne der Segmente 4 bis 6.

Orthetrum albistylum ♂, Hortobagy Un 6. 7. 86
Orthetrum albistylum ♀, Tiszafüred Un 5. 7. 86

Familie Libellulidae – Segellibellen

Crocothemis erythraea Brullé 1832 – **Feuerlibelle**

(= **Crocothemis servilia** Drury 1773 part.)

Die Feuerlibelle entspricht mit 40 bis 45 mm Körperlänge und durch das verbreiterte Abdomen den kleinen *Orthetrum*-Arten, erinnert durch die leuchtend rote Färbung des Männchens aber mehr an die Vertreter der Gattung *Sympetrum*. Beim reifen Männchen ist der gesamte Körper, einschließlich des Thorax, der Augen und der Stirn, leuchtend feuerrot. Die Hinterflügel weisen bei beiden Geschlechtern einen großen, die Vorderflügel einen kleinen gelben Basisfleck auf. Der Körper des Weibchens ist gelbbraun. Von den Weibchen der Gattung *Orthetrum* unterscheidet es sich vor allem durch den abstehenden Legebohrer. Die Flugzeit liegt in Mitteleuropa zwischen Ende Juni und Mitte August, im Mittelmeergebiet zwischen Mai und Oktober.

Crocothemis erythraea ist eine typische Art des Mittelmeergebiets und dort weit verbreitet. Sie ist eine ausgesprochene Wanderlibelle und fliegt in warmen Sommern zahlreich nach Mitteleuropa ein. In der Oberrheinischen Tiefebene wird sie schon seit etwa 10 Jahren in ununterbrochener Folge beobachtet, so daß man inzwischen wohl schon von einer heimisch gewordenen Art sprechen kann. Sie wird (V) normalerweise als Vermehrungsgast eingestuft. Ihre typischen Lebensräume in Mitteleuropa sind Altwasser und Sandgrubengewässer in klimatisch begünstigten Gebieten.

Während die Imago im Körperbau mehr den Blaupfeilen nahekommt, sieht die **Larve** (S. 94 unten) einer *Sympetrum*-Larve außerordentlich ähnlich. Ihr Kopf ist wie bei dieser hinter den Augen stark verschmälert. Wie die Larve von *S. fonscolombei*, aber im Gegensatz zu allen übrigen *Sympetrum*-Arten, besitzt sie keine Dorsaldorne und nur sehr kurze Lateraldorne an den Segmenten 8 und 9. Ihre Entwicklung dauert meist 1 Jahr, im Mittelmeergebiet kommt es aber offenbar regelmäßig zu 2 Generationen im Jahr.

Crocothemis erythraea ♂, Figueres/Spanien 9. 9. 87
Crocothemis erythraea ♀, St. Maries d. l. M. Ca 24. 7. 88
Fot. H. U. Kohler

Familie Libellulidae – Segellibellen

Sympetrum vulgatum Linné 1758
Gemeine Heidelibelle

Die Gemeine Heidelibelle erreicht eine Körperlänge von 35 bis 40 mm. Der Thorax des reifen Männchens ist dunkelbraun mit undeutlichen, hellen Seitenbinden; das leuchtend rote Abdomen ist etwas abgeflacht und im hinteren Abschnitt ein wenig verbreitert. Das Weibchen ist zunächst gelbbraun, später dunkelbraun und im Alter oft an manchen Stellen rot gefärbt. Die Legeröhre steht mit ihrem Hinterrand rechtwinklig vom Körper ab (S–69). Die dunkle Querbinde auf der Stirn läuft bei beiden Geschlechtern ein Stück an den Augen herab (S–68). Die Beine sind außen gelb gestreift. Die Flugzeit beginnt Mitte Juli und endet erst im Oktober/November. Manchmal findet man noch im September frisch geschlüpfte Tiere.
Sympetrum vulgatum ist in Mitteleuropa sehr häufig. Die Art geht nach Norden bis ins mittlere Skandinavien, fehlt aber dafür im südlichen Mittelmeergebiet. Sie lebt an stehenden Gewässern aller Art, an Seen wie an kleinen Tümpeln. Ihren Verbreitungsschwerpunkt hat sie aber an pflanzenreichen, natürlichen oder naturnahen Weihern und Tümpeln. Regelmäßig findet man sie auch an nicht zu intensiv bewirtschafteten Fischteichen.
Nach der Paarung, die meist sitzend am Boden stattfindet, öffnet sich das Paarungsrad, und das Paar fliegt, wie bei allen Heidelibellen, als Tandem zur Eiablage. Dabei wirft das Männchen im Flug seine Partnerin durch schwingende Bewegungen des Abdomens nach vorn; das Weibchen schwingt gleichzeitig mit seinem Abdomen und wirft so die Eier ans Gewässerufer oder auf die offene Wasserfläche (S. 22 oben). Die Eier überwintern.
Die **Larve** (S. 97 unten) hat spitze, nicht besonders lange Dorsaldorne auf den Segmenten 4 bis 8, lange Lateraldorne am 9. und kürzere am 8. Segment. Die Zeichnung ist sehr variabel. Meist sind die Larven auffallend gescheckt, es kommen aber auch fast einfarbige Exemplare vor. Die Larven schlüpfen im Frühjahr und entwickeln sich in etwa 3 Monaten zur Imago. Eine Unterscheidung von den Larven der nahe verwandten Arten (*S. striolatum*, *S. meridionale* und *S. sanguineum*) ist sehr schwierig, in vielen Fällen unmöglich.

Sympetrum vulgatum ♂, Sunder LH 20. 8. 89
Sympetrum vulgatum ♀, Sunder LH 20. 8. 89

Familie Libellulidae – Segellibellen

Sympetrum striolatum Charpentier 1840
Große Heidelibelle

Die Große Heidelibelle gleicht der vorangegangenen Art etwa in der Körpergröße. Sie ist sehr leicht mit ihr zu verwechseln. Eine sichere Trennung der beiden Arten ist nach Fotos nicht immer möglich. Beim dunkelbraunen Thorax des Männchens sind deutliche, gelbweiße Seitenbinden entwickelt, und das rote Abdomen ist etwa zylindrisch, hinten nicht verbreitert. Die Legeröhre des Weibchens steht schräg vom Hinterleib ab (S–67). Bei Männchen und Weibchen endet die schwarze Querbinde auf der Stirn bei den Augen (S–66). Die Flugzeit beginnt Ende Juli und endet im Oktober/November.
Sympetrum striolatum, eine ursprünglich mediterrane Art, kommt überall in Mitteleuropa vor, ist aber in Norddeutschland selten. In Süddeutschland gehört sie zusammen mit der vorangegangenen Art zu den häufigsten Libellen. Sie ist sehr anspruchslos und bewohnt stehende Gewässer aller Art, Seen und Weiher ebenso wie kleine Tümpel. Im Gegensatz zu *Sympetrum vulgatum* findet man sie am zahlreichsten an Sekundärbiotopen, z. B. Baggerseen und Kiesgrubentümpeln. Beide Arten kommen aber oft gemeinsam vor.
S. striolatum zeigt, wie viele südliche Libellenarten, ein deutliches Wanderverhalten in günstigen Jahren. Dann taucht sie auch häufiger in Gegenden auf, in denen sie sonst selten ist, z. B. in Norddeutschland. Bisweilen wurden auch schon Wanderschwärme beobachtet, aber nie in so hoher Individuendichte wie bei *Libellula quadrimaculata*.
Die **Larve** läßt sich nicht sicher von der *vulgatum*-Larve unterscheiden.

Sympetrum striolatum ♂, Mähringen SA 9. 76
Sympetrum striolatum, junges ♀, Ludwigsfeld BS 21. 8. 86

Familie Libellulidae – Segellibellen

Sympetrum fonscolombei Sélys 1840
Frühe Heidelibelle

(= **Tarnetrum fonscolombei** Schmidt 1987)

Die Frühe Heidelibelle gleicht den vorangegangenen Arten in der Größe. Sie hat ebenfalls schwarze, gelb gestreifte Beine. Das Pterostigma ist auch bei ausgefärbten Exemplaren gelbbraun und von schwarzen Adern eingerahmt. Das Abdomen ist beim Männchen heller und zugleich leuchtender rot als bei den anderen Arten (das abgebildete Männchen ist noch nicht ganz ausgefärbt). Die Segmente 8 und 9 tragen deutliche, schwarze Rücken- und Seitenbinden. Die Augen sind oben rotbraun, unten meist graublau. Die Stirn ist in der Mitte hellrot, vor den Augen aber in einem deutlich abgesetzten Streifen weißlich. Auch die vorderen Längsadern der Flügel haben eine rote Färbung. Außerdem fallen an den Thoraxseiten schmale, helle Seitenbinden auf (s. auch Eb. SCHMIDT 1985 b). Das Weibchen ist schwieriger zu erkennen. Die Augenfärbung und die Abdomenzeichnung sind ähnlich wie beim Männchen. An den Thoraxseiten sind schmale, dunkle Nahtlinien ausgebildet. Im Gegensatz zu den Weibchen der beiden vorangegangenen Arten fehlt eine abstehende Legeröhre. Das Bauchsegment 8 ist hinten tief ausgeschnitten. Die Flugzeit dieser frühesten *Sympetrum*-Art beginnt Mitte Mai und endet im September (im Mittelmeergebiet wohl auch später).

Sympetrum fonscolombei ist eine Libelle des Mittelmeerraumes und in Mitteleuropa sehr selten. Bei uns bewohnt sie vor allem Kiesgrubentümpel in Süddeutschland. Neuere Funde sind aus dem
2 Alpenvorland, dem Bodenseegebiet und aus der Oberrheinischen
Tiefebene bekannt. Die Art ist stark gefährdet.

Die **Larve** (S. 95 oben) hat im Gegensatz zu allen übrigen *Sympetrum*-Larven keine Dorsaldorne. Sie ähnelt dadurch der *Crocothemis*-Larve. Ihr fehlt aber der für diese Art typische Borstenkamm am Hinterrand des 8. Bauchsegments. Im Mittelmeergebiet scheinen sich 2 Generationen im Jahr zu entwickeln, denn oft findet man im September wieder frisch geschlüpfte Tiere (s. obere Abb.).

Sympetrum fonscolombei, junges ♂, Grosseto To 19. 9. 79
Sympetrum fonscolombei ♀, Molleges Ca 16. 7. 86

Familie Libellulidae – Segellibellen

Sympetrum meridionale Sélys 1841
Südliche Heidelibelle

Die Südliche Heidelibelle erreicht die gleiche Größe wie die bisher besprochenen Arten dieser Gattung. In der Färbung ähnelt sie ihnen. Ein auffallendes Merkmal sind die Thoraxseiten: diesen fehlt nahezu jegliche dunkle Zeichnung; nur Andeutungen dunkler Linien sind zu erkennen. Auf der Stirn ist nur eine ganz schmale Binde entwickelt. Die Beine sind mehr braun gefärbt und an den Innenseiten schwarz gestreift. Dem Weibchen fehlt wie bei *S. fonscolombei* ein abstehender Legebohrer. Das 8. Bauchsegment ist aber im Gegensatz zu dieser Art nicht ausgerandet. Die Flugzeit reicht von Juli bis September.

Sympetrum meridionale ist wie *S. fonscolombei* eine typische Art des Mittelmeergebiets. Beide Arten gleichen sich weitgehend im Verbreitungsgebiet, auch in der Tendenz, immer wieder nach Mitteleuropa einzuwandern. *S. meridionale* taucht allerdings wesentlich seltener in Süddeutschland auf. Es ist aber auch schwierig, diese Art im Gelände sicher anzusprechen, so daß sie vielfach wohl nur übersehen wurde. Einigermaßen zuverlässige Fundorte werden aus dem Bodenseegebiet und der Oberrheinischen Tiefebene sowie aus dem bayerischen Alpenvorland angegeben; ein Weibchen wurde erstaunlicherweise 1979 auf der Nordseeinsel Scharhörn gefangen (MLODY 1986). Gerade dieses letzte Beispiel zeigt deutlich die Notwendigkeit der Belegnahme ungewöhnlicher Arten. Dieser Fund wäre sonst absolut unglaubwürdig geblieben wie so viele Fundangaben in der Literatur. Die Art wird in der Roten Liste als stark gefährdet eingestuft; ich halte es für besser, sie als Vermehrungsgast zu betrachten.

Über die Lebensweise von *S. meridionale* ist anscheinend nur wenig bekannt. Sie entwickelt sich offenbar an dicht bewachsenen, stehenden Gewässern. Ihre **Larve** gleicht weitgehend der von *S. sanguineum*.

244 *Sympetrum meridionale* ♂, Manara Po 2. 9. 84, Fot. G. Lehmann
Sympetrum meridionale, junges ♀, Nagyivan Un 6. 7. 86

Familie Libellulidae – Segellibellen

Sympetrum flaveolum Linné 1758
Gefleckte Heidelibelle

Die Gefleckte Heidelibelle ist mit 30 bis 35 mm Körperlänge etwas kleiner als die bisher behandelten *Sympetrum*-Arten. Sie gehört ebenfalls zur Artengruppe mit gestreiften Beinen, unterscheidet sich aber von den übrigen Vertretern recht deutlich durch die großen, gelben Flecke an der Basis beider Flügelpaare. Beim Weibchen ist die Ausdehnung der Flecke sehr variabel; sie können bis über den Nodus hinwegreichen, aber in seltenen Fällen auch stark reduziert sein. Solche Tiere sind dann schwer von *fonscolombei*-Weibchen zu unterscheiden. Das 8. Bauchsegment ist aber nur ganz schmal ausgeschnitten und in 2 kleine Zipfel ausgezogen. Wie bei einigen anderen *Sympetrum*-Arten sind alte Weibchen oft etwas rötlich gefärbt. Die Flugzeit beginnt Ende Juni und erstreckt sich bis in den September.

Sympetrum flaveolum ist in Mitteleuropa weit verbreitet und gebietsweise recht häufig, in vielen Gegenden aber nur selten anzutreffen. Die Vorzugsbiotope der Art sind offenbar Überschwemmungsflächen, die im Sommer trockenfallen, und ähnliche Gewässer mit stark schwankendem Wasserstand. In derartigen Lebensräumen kann sie zusammen mit *Lestes dryas* und anderen Binsenjungfern in sehr hoher Individuenzahl auftreten. Oft trifft man sie auch weit entfernt von jedem Gewässer, z. B. in Getreidefeldern.

Zur Eiablage suchen die Paare meist ausgetrocknete Moorgräben oder trockengefallene Schlammflächen auf. Die Eier überwintern, und im Frühjahr, wenn diese Flächen wieder mit Wasser bedeckt sind, schlüpfen die Larven.

Die **Larve** (S. 97 Mitte) ist kleiner und zierlicher als die *vulgatum*-Larve. Sie ist meist dunkel graubraun mit wenig entwickelten Zeichnungen. Die Lateraldorne an Segment 9 sind etwas kürzer als dieses Segment. Die Larven entwickeln sich in 2 bis 3 Monaten zur Imago.

Sympetrum flaveolum ♂, Schmiecher See SA 30. 7. 86
Sympetrum flaveolum ♀, Riedheim BS 16. 8. 86

Familie Libellulidae – Segellibellen

Sympetrum sanguineum Müller 1764
Blutrote Heidelibelle

Die Blutrote Heidelibelle gehört zu den etwas größeren Heidelibellen. Im Gegensatz zu allen bisher behandelten Arten dieser Gattung (aber ebenso wie die folgenden) hat sie einheitlich schwarze Beine. Beim Männchen ist außer dem Abdomen auch die Stirn leuchtend blutrot. Das Abdomen ist etwas abgeflacht und hinten verbreitert. Der Thorax und die Augen sind rotbraun bis rot. Das Weibchen ist gelbbraun bis rötlich, oft an den Seiten etwas blau bereift. Die Flugzeit beginnt im Juni/Juli und reicht bis in den Oktober.

Sympetrum sanguineum ist eine der häufigsten mitteleuropäischen Heidelibellen. Sie bewohnt stehende Gewässer unterschiedlichster Art. Regelmäßig findet man sie auch an Fischteichen, sogar an solchen, die alljährlich abgelassen werden.

Die Eiablage findet meist außerhalb des Wassers am Ufer statt. An Trittstellen (die z. B. durch Angler und Badende hervorgerufen werden), an denen nur niedrige Gräser und Moose wachsen, findet man im September oft Scharen eierlegender Paare. Die zunächst weißen, knapp 1 mm großen Eier werden bis zum nächsten Tag dunkelbraun (S. 22 unten). Sie überwintern im Trockenen und werden erst im Frühjahr überflutet.

Die **Larve** ähnelt sehr der *vulgatum*-Larve; sie läßt sich m. E. nicht mit letzter Sicherheit von dieser trennen.

Sympetrum sanguineum ♂, Oberfahlheim BS 18. 8. 85
Sympetrum sanguineum ♀, Oberfahlheim BS 18. 8. 85

Familie Libellulidae – Segellibellen

Sympetrum depressiusculum Sélys 1841
Sumpf-Heidelibelle

Die Sumpf-Heidelibelle ist geringfügig kleiner als die ihr recht ähnliche, vorangegangene Art. Das Männchen hat aber ein deutlich abgeflachtes und verbreitertes Abdomen mit schwarzen Strichen auf der Oberseite der Segmente 3 bis 8. Die rote Färbung bedeckt nicht die ganze Oberseite des Hinterleibs; an den Rändern bleibt ein schmaler, gelber Streifen (der aber im Alter verschwinden kann). Das Weibchen besitzt auf der gelbbraunen bis gelbroten Abdomenoberseite die gleichen Streifen wie das Männchen. Ein wichtiges Merkmal bei beiden Geschlechtern ist ferner das sehr dichte Flügelgeäder, besonders zwischen dem Radialsektor und der Media (S–70). Die Flugzeit reicht von Mitte Juli bis Mitte Oktober.

Sympetrum depressiusculum kommt vorwiegend in dicht verwachsenen Sumpfgebieten mit wenig freien Wasserflächen vor. Die Art gilt als selten, wurde aber vielfach nur übersehen, da sie leicht mit *S. sanguineum* zu verwechseln ist. Einige Male wurde sie auch an stärker verlandeten, flachen Fischteichen gefunden, z. T. in sehr
2 hohen Individuendichten. Sie ist in Süddeutschland häufiger als in Norddeutschland und gilt als stark gefährdet.

Die **Larve** (S. 97 oben) hat sehr lange, deutlich gebogene Dorsaldorne und auffallend lange Lateraldorne an den Segmenten 8 und 9. Die Dorne sind weißlich mit schwarzen Spitzen.

Sympetrum depressiusculum ♂, Langkampfen Ti 12. 9. 85
Sympetrum depressiusculum, junges ♀, Langkampfen Ti 12. 9. 85

Sympetrum pedemontanum Allioni 1766
Gebänderte Heidelibelle

Die Gebänderte Heidelibelle gehört zu den etwas kleineren Arten der Gattung. Beide Geschlechter sind an den breiten, braunen Flügelbinden kurz vor jedem Pterostigma leicht zu erkennen. Das reife Männchen hat außer dem roten Abdomen auch leuchtend rote Flügelmale. Beim jungen Männchen (unteres Bild) sind wie beim Weibchen die Flügelmale gelbweiß und das Abdomen gelbbraun. Die Flugzeit liegt zwischen Ende Juli und Anfang Oktober.

Sympetrum pedemontanum ist eine mehr östliche Libellenart. Nach Westen kommt sie bis Holland (nur ein Fundpunkt im Südosten) und ins Rhonedelta vor. Bei uns ist sie stellenweise im südöstlichen Bayern nicht selten; weiter nördlich und westlich tritt sie nur sporadisch auf. In manchen Gegenden, z. B. in Norddeutschland, scheint sie sich in neuerer Zeit etwas auszubreiten. Sie fliegt vor allem in Kiesgruben und an kleinen, stehenden Gewässern im
2 Bereich der Flußauen, aber auch über Sumpfgebieten ohne offene Wasserflächen. Sie gilt bei uns als stark gefährdet.

Trotz der auffallenden Flügelzeichnung ist *S. pedemontanum* eine eher unauffällige Libelle. Sie fliegt meist dicht über dem Boden. Die dunklen Binden erzeugen dabei ein eigenartiges, körperauflösendes Flimmern, so daß das Tier tatsächlich schwer zu erkennen ist.

Die **Larve** hat lange, gebogene Dorsaldorne (etwas kürzer als bei *S. depressiusculum*, aber länger als bei *S. vulgatum*) und relativ kurze Lateraldorne an den Segmenten 8 und 9 (etwa wie bei *S. flaveolum*).

Sympetrum pedemontanum ♂, Vinon Pr 19. 7. 86
Sympetrum pedemontanum ♀, Schlepzig Bra 25. 7. 89

Familie Libellulidae – Segellibellen

Sympetrum danae Sulzer 1776
Schwarze Heidelibelle
(= **Sympetrum scoticum** Donovan 1811)

Die Schwarze Heidelibelle gehört wieder zu den etwas kleineren Arten der Gattung. Das Männchen unterscheidet sich durch die in reifem Zutand fast völlig schwarze Färbung deutlich von allen anderen Heidelibellen. Nur an den Thoraxseiten sind helle Schrägstreifen zu erkennen. Das junge Männchen ist wie das Weibchen gelbbraun mit breiten, schwarzen Binden an den Thoraxseiten und einer schwarzen Unterseite des Abdomens. Im Alter wird das Weibchen mehr graubraun. Es besitzt (als einzige der Arten mit schwarzen Beinen) einen deutlich abstehenden Legebohrer. Die Flugzeit beginnt Mitte Juli und erstreckt sich oft bis in den November.

Sympetrum danae ist in Mitteleuropa weit verbreitet und häufig. Die Art kommt an stehenden Gewässern aller Art vor. Am häufigsten tritt sie an pflanzenreichen Moorgewässern auf. Hier kommt es oft zur Massenentwicklung dieser Libelle. Oft sieht man sie auch weit entfernt von jedem Gewässer.

Die **Larve** (S. 95 Mitte) ist auffallend klein und zierlich. Ihr fehlt der Dorsaldorn auf Segment 8. Die Lateraldorne der Segmente 8 und 9 sind sehr kurz.

Sympetrum danae ♂, Oberfahlheim BS 18. 8. 85
Sympetrum danae, junges ♀, Langeloh LH 19. 7. 85

Familie Libellulidae – Segellibellen

Leucorrhinia caudalis Charpentier 1840
Zierliche Moosjungfer

Die Zierliche Moosjungfer erreicht eine Körperlänge von ca. 30 mm. Wie alle Moosjungfern besitzen beide Geschlechter eine leuchtend weiße Stirn. Das Männchen ist schwarzbraun gefärbt und auf den Abdominalsegmenten 3 bis 5 hellblau bereift. Das Abdomen ist im hinteren Abschnitt abgeflacht und stark keulig verbreitert. Die oberen Anhänge sind weiß, ebenso die Oberseiten der Flügelmale. An der Basis der Hinterflügel befindet sich ein schwarzer, gelb gesäumter Fleck. Das Weibchen ähnelt dem Männchen in der Form des Abdomens; ihm fehlt aber die blaue Bereifung. Das Abdomen ist dafür auf der Oberseite der Segmente 2 bis 6 mit großen, gelben Flecken gezeichnet. Die oberen Anhänge sind wie beim Männchen weiß, die Flügelmale aber schwarzbraun. Die Flugzeit reicht von Mitte Mai bis Anfang Juli.

Leucorrhinia caudalis hat ihren Verbreitungsschwerpunkt in Osteuropa. In Mitteleuropa ist sie sehr selten. Ihr typischer Lebensraum sind Altwasser und Weiher mit reicher Schwimmblattvegetation (also ähnlich wie bei den *Erythromma*-Arten). In neuerer Zeit
1 wurde sie nur noch in der Oberrheinischen Tiefebene und in Bayern gefunden. Keiner der norddeutschen Fundorte, die z. T. reiche Bestände aufwiesen, konnte in den letzten Jahren bestätigt werden. Die Art ist inzwischen vom Aussterben bedroht.

G Die Männchen setzen sich fast nur auf die Schwimmblätter der Teichrosen (*Nuphar*) und Seerosen (*Nymphaea*), meist weit vom Ufer entfernt. Kurz nach der Landung richten sie ihr Abdomen steil empor und heben die Flügel etwas an. Offenbar präsentieren sie dadurch ihre leuchtend weißen „Positionslichter“, nämlich die Hinterleibsanhänge, die Flügelmale und die Stirn.

Die **Larve** (S. 98 Mitte) erinnert durch ihr breites, abgeflachtes Abdomen und die langen Beine an die von *Cordulia aenea*. Sie besitzt lange, gebogene Dorsaldorne auf den Segmenten 3 bis 9 und an Länge zunehmende Lateraldorne an den Segmenten 7 bis 9. Die Ventralseite des Abdomens ist meistens dunkel quergebändert.

Leucorrhinia caudalis ♂, Reusstal Aa 10. 6. 86
Leucorrhinia caudalis ♀, Reusstal Aa 10. 6. 86

Familie Libellulidae – Segellibellen

Leucorrhinia albifrons Burmeister 1839
Östliche Moosjungfer

Die Östliche Moosjungfer gleicht der vorangegangenen, auch sonst recht ähnlichen Art in der Körpergröße. Ihr fehlt aber die für diese kennzeichnende, keulenförmige Verbreiterung des Abdomens. Das Männchen ist schwarzbraun gefärbt, das gleichmäßig schmale Abdomen auf den Segmenten 3 und 4 hellblau bereift. Die oberen Anhänge sind weiß. Das Pterostigma ist schwarz, nur außen von weißen Adern begrenzt. Die Stirn kann, anders als bei den übrigen Arten der Gattung, etwas verdunkelt sein. Das Weibchen gleicht dem Männchen in der Färbung der Hinterleibsanhänge und Flügelmale. Sein Abdomen ist auf dem 2. und 3. Segment mit einem gelben Querfleck, auf dem 4. bis 6. mit einem Längsfleck und zusätzlich auf dem 3. und 4. mit einem gelben Basalring gezeichnet. Die Flugzeit liegt zwischen Mitte Mai und Ende Juli.

Leucorrhinia albifrons ist wie *L. caudalis* eine mehr östlich verbreitete Libellenart. In Mitteleuropa zählt sie zu den größten Seltenheiten. Sie bewohnt ähnliche Gewässer wie die verwandte Art, kann aber auch an schwimmblattfreien, mit Schilf gesäumten Gewässern
1 vorkommen. Neue Funde dieser akut vom Aussterben bedrohten Art sind nur aus dem östlichen Niedersachsen, aus dem bayerischen Donautal und aus dem Raum Garmisch bekannt.

G Die Männchen dieser Libelle setzen sich normalerweise nicht, wie die *caudalis*-Männchen, auf Schwimmblätter, sondern auf aus dem Wasser ragende Schilfhalme oder trockene Äste. Oft sieht man sie auch auf dem nackten Boden, vor allem auf Kiesboden.

Die **Larve** (S. 98 unten) hat nur auf den Abdominalsegmenten 3 bis 7 Dorsaldorne (die kürzer sind als bei der anderen Art), auch fehlt der Lateraldorn am 7. Segment. Die dunkle Zeichnung auf der Ventralseite des Abdomens ist, wenn überhaupt, nur sehr schwach entwickelt.

Leucorrhinia albifrons ♂, Oberfahlheim BS 19. 6. 85
Leucorrhinia albifrons, junges ♀, Leipheim BS 6. 85,
Fot. U. Tessenow

Familie Libellulidae – Segellibellen

Leucorrhinia dubia Van der Linden 1825
Kleine Moosjungfer

Die Kleine Moosjungfer übertrifft die beiden vorangegangenen Arten in der Körperlänge (30 bis 40 mm), hat aber eine etwas geringere Flügelspannweite. Das Männchen besitzt auf dem schwarzen Thorax braune Antehumeralstreifen und blutrote Flecke im Flügelzwischenraum. Die Abdominalsegmente 2 und 3 tragen große, 4 und 5 sehr kleine, oft kaum sichtbare, rote Flecke. Auf den Segmenten 6 und 7 liegen wieder größere, bis etwas über die Segmentmitte reichende Zeichnungen. Der ebenfalls schwarze Körper des Weibchens ist hellgelb gemustert. Die Segmente 2 bis 5 tragen jeweils 3 nebeneinander liegende Farbtupfer, die beiden folgenden nur je einen. Die Flugzeit beginnt Anfang Mai und endet Anfang August.

Leucorrhinia dubia ist die häufigste Moosjungfer und eine typische Art der Hochmoorgewässer. Sie ist aber nicht ausschließlich ans Hochmoor gebunden. Man findet sie vor allem an torfmoosreichen Moorweihern und wiedervernäßten Torfstichen. In der Norddeutschen Tiefebene kommt sie noch recht häufig vor. Im mittleren Teil der Bundesrepublik beschränkt sich ihr Vorkommen weitgehend auf die Moore der höheren Mittelgebirgslagen. In Süddeutschland bewohnt sie die Moorgebiete des Schwarzwaldes und des Alpenvorlands. Auch in den Alpen kommt sie an geeigneten Orten nicht selten vor.

An ihren Fundorten ist *L. dubia* meist die dominierende Libellenart des Frühsommers. Die Paarung findet in nächster Nähe des Gewässers statt. Nach der Trennung fliegt das Weibchen zum Wasser zurück und wirft, wie alle Moosjungfern, ohne Begleitung durch das Männchen die Eier mit wippenden Bewegungen des Abdomens ab. Die Larven schlüpfen noch im gleichen Sommer.

Die **Larve** (S. 99 Mitte) ähnelt einer *Sympetrum*-Larve. Sie hat aber nur schwach entwickelte Dorsaldorne auf den Segmenten 4 bis 6 und kurze Lateraldorne an den Segmenten 8 und 9. Über die helle Ventralseite des Abdomens verlaufen 3 dunkle Längsbinden. Im Gegensatz zu allen *Sympetrum*-Larven hat sie, wie alle Larven der Moosjungfern, eine zweijährige Entwicklung. Die 2. Überwinterung erfolgt im letzten Stadium.

Leucorrhinia dubia ♂, Fetzachmoos OS 6. 6. 85
Leucorrhinia dubia ♀, Fetzachmoos OS 6. 6. 85

Leucorrhinia rubicunda Linné 1758
Nordische Moosjungfer

Die Nordische Moosjungfer sieht der vorangegangenen Art zum Verwechseln ähnlich. Sie ist etwas größer (35 bis 45 mm), aber zugleich schlanker, vor allem das Männchen. Beim Männchen lassen sich in der Thoraxzeichnung keine Unterschiede finden; die Zeichnungen auf dem Abdomen sind aber deutlich ausgedehnter. So sind auch auf den Segmenten 4 und 5 immer deutliche Flecke entwickelt, und die Zeichnungen auf den Segmenten 6 und 7 erreichen gut zwei Drittel der Segmentlänge. Diese verfärben sich aber mit der Zeit zu einem schmutzigen Dunkelbraun; nur der rote Fleck auf dem 7. Segment bleibt erhalten (s. obere Abb.). Im Gegensatz zu *L. dubia* hat das Männchen außerdem ein dunkelrotes Pterostigma. Beim Weibchen ist die weitere Ausdehnung der gelben Abdominalzeichnung ebenfalls auffallend. Nur das 2. Segment besitzt 3 nebeneinander liegende, kleine Flecke, die 5 folgenden Segmente tragen zusammenhängende, z. T. quer eingeschnürte Flecke, die alle fast bis zum Hinterrand des jeweiligen Segments reichen. Die Flugzeit beginnt bei dieser Art z. T. schon Ende April und endet im Juni/Juli. Während des Höhepunkts der Flugzeit (Mitte bis Ende Mai) schlüpfen gerade die meisten Individuen von *L. dubia*; bereits Mitte Juni ist *L. rubicunda* kaum noch zu finden.

Leucorrhinia rubicunda lebt ebenfalls in Hochmooren und kommt fast immer zusammen mit ihrer nahen Verwandten vor. Sie ist in Norddeutschland nicht selten, fehlt in der gesamten mittleren Bundesrepublik und tritt erst wieder in einigen Mooren Oberschwa-
3 bens und des Alpenvorlands auf. Die Art ist bei uns gefährdet.

Die **Larve** (S. 99 oben) ist oft sehr dunkel, fast schwarz. Dorsaldorne fehlen ganz oder sind als winzige Andeutungen auf den Segmenten 3 und 4 zu erkennen. Die Lateraldorne sind etwas kürzer als bei der *dubia*-Larve. Die Ventralseite ist meist fast schwarz, von hellen Längsbändern durchzogen.

Leucorrhinia rubicunda ♂, Dammendorf Bra 3. 6. 88
Leucorrhinia rubicunda ♀, Wurzacher Ried OS 5. 83,
Fot. H. Wildermuth

Familie Libellulidae – Segellibellen

Leucorrhinia pectoralis Charpentier 1825
Große Moosjungfer

Die Große Moosjungfer gleicht der vorangegangenen Art in der Körperlänge, ist aber etwas kräftiger gebaut. Das junge Männchen trägt auf der Oberseite der Abdominalsegmente 2 bis 7 ausgedehnte, gelbe Zeichnungen, die aber mit Ausnahme des hintersten hellen Flecks nach wenigen Tagen dunkelbraun werden. So besitzt das reife Männchen auf dem 7. Segment ein gelb leuchtendes „Schlußlicht“; ansonsten ist der Körper verwaschen schwarz und dunkelbraun gezeichnet. Das sehr kräftige Weibchen ist mit auffallend großen, dottergelben Hinterleibsflecken ausgestattet. Im Vergleich zum Weibchen von *Leucorrhinia rubicunda* sind diese Flecke breiter und satter in der Färbung. Die Flugzeit reicht von Mitte Mai bis Ende Juli.

Leucorrhinia pectoralis ist keine typische Hochmoorlibelle. Sie entwickelt sich vor allem in etwas nährstoffreicheren Zwischenmoortümpeln, in denen als typische Pflanze meist das Schwimmende Laichkraut (*Potamogeton natans*) vorkommt. Sie ist fast überall in Mitteleuropa verbreitet, aber insgesamt selten und fast immer in geringer Individuenzahl anzutreffen. Durch gezielte Pflegemaßnahmen ist es aber möglich, die stark gefährdete Art zu
2 fördern (WILDERMUTH 1986 c).

Die **Larve** (S. 99 unten) ähnelt der *dubia*-Larve, ist aber etwas größer. Sie trägt Dorsaldorne auf den Abdominalsegmenten 3 bis 8. Die dunkle Zeichnung der Bauchseite ist oft nur schwach entwickelt und besteht aus kurzen, schmalen Strichen.

Leucorrhinia pectoralis ♂, Dammendorf Bra 5. 6. 88
Leucorrhinia pectoralis ♀, Päffikersee Zh 6. 81,
Fot. H. Wildermuth

Verzeichnis der Abkürzungen und Symbole

Abkürzungen bei den Bildlegenden

Aa	Aargau (Schweiz)
Ag	Allgäu
Bd	Baden
Br	Umgebung von Bremen
Bra	Brandenburg
BS	Bayerisches Schwaben
Ca	Camargue und Crau (Frankreich)
Fr	Franken
Gr	Graubünden (Schweiz)
Is	Istrien (Kroatien)
LH	Lüneburger Heide
OS	Oberschwaben
Pf	Pfalz
Po	Poebene (Italien)
Pr	Provence (Frankreich)
SA	Schwäbische Alb
Sc	Kanton Schaffhausen (Schweiz)
SF	Südfrankreich
Sk	Skåne (Schweden)
Ti	Tirol (Österreich)
To	Toscana (Italien)
Un	Ungarn
Wd	Wendland
ZH	Kanton Zürich (Schweiz)

Kennzeichnung von Arten der Roten Liste
(nach CLAUSNITZER et al. 1984)

0	ausgestorben oder verschollen
1	vom Aussterben bedroht
2	stark gefährdet
3	gefährdet

Sonstige Symbole

G	besonders geschützte Arten (vergl. S. 47)
V	Vermehrungsgäste
I	Irrgäste
D̸	in Deutschland fehlende Arten

Literaturverzeichnis

AGUESSE, P. (1968): Les Odonates de l'Europe Occidentale, du Nord de l'Afrique et des Iles Atlantiques. Faune de l'Europe et du Bassin Méditerranéen 4, Masson et Cie Editeurs, Paris, 258 p.

d'AGUILAR, J., J.-L. DOMMANGET u. R. PRÉCHAC (1985): Guide des Libellules d'Europe et d'Afrique du Nord. Delachaux et Niestlé S. A., Neuchâtel – Paris, 341 p.

ARNOLD, A. (1990): Wir beobachten Libellen. Urania-Verlag, Leipzig, Jena, Berlin, 152 p.

ASKEW, R. R. (1988): The Dragonfiles of Europe. Harley Books, Essex, 291 p.

BEUTLER, H. (1985): Biometrische und variationsstatistische Untersuchungen an der Kleinlibelle Cercion lindeni (Selys, 1840), mit Beschreibung einer neuen Unterart (Odonata, Coenagrionidae). Ent. Abh. Mus. Tierk. Dresden, 49, 69–82.

BEUTLER, H. (1986): Beiträge zur Libellenfauna Ostbrandenburgs – eine erste Übersicht (Insecta, Odonata). Faun. Abh. Mus. Tierk. Dresden 14, 51–60.

BEUTLER, H. (1986): Was ist Libellula quadrimaculata ab. praenubila Newmann, 1833? Ent. Nachr. Ber. 30, 97 100.

BILEK, A. (1954): Eine neue Agrionide aus Bayern (Odonata). Nachrbl. Bayer. Ent. 3, 97–99.

BILEK, A. (1960): Die Bestimmung „auf Anhieb" von Aeshna subarctica Walk. (Odonata). Nachrbl. Bayer. Ent. 9, 67–68.

BUCHHOLZ, C. (1951): Untersuchungen an der Libellen-Gattung Calopteryx Leach unter besonderer Berücksichtigung ethologischer Fragen. Z. Tierpsychol. 8, 273–293.

BUCHWALD, R. (1988): Die Gestreifte Quelljungfer Cordulegaster bidentatus (Odonata) in Südwestdeutschland. Carolinea 46, 49–64.

BUCHWALD, R. (1989): Die Bedeutung der Vegetation für die Habitatbindung einiger Libellenarten der Quellmoore und Fließgewässer. Phytocoenologica 17, 307–448.

BUCHWALD, R. B. GERKEN, K. SIEDLE u. K. STERNBERG (1984): Übersicht über die Libellenvorkommen in Baden-Württemberg mit kurzer Charakteristik des Fortpflanzungsgebiets und Angaben zur Verbreitung. Libellula 3 (3/4), 101–110.

BREUER, M., u. C. RITZAU (1983): Bestandsaufnahme zur Odonatenfauna des Bremer Blocklandes und Hollerlandes (Insecta: Odonata). Abh. Naturw. Ver. Bremen 40, 1–14.

CARCHINI, G. (1983): A key to the Italian Odonate Larvae. Soc. int. odonatol. rapid Comm. (Suppl.) 1, 1–101, Utrecht.

CLAUSNITZER, H.-J. (1983): Auswirkungen unterschiedlicher Bewirtschaftungsmaßnahmen auf den Libellenstand eines Teiches. Libellula 2 (1/2), 84–86.

CLAUSNITZER, H.-J., PRETSCHER u. Eb. SCHMIDT (1984): Rote Liste der Libellen (Odonata). In: BLAB, J. et al.: Rote Liste der gefährdeten Tiere und Pflanzen in der Bundesrepublik Deutschland, 4. Aufl., Kilda Verlag, Greven, 116–118.

CONCI, C., u. C. NIELSEN (1956): Odonata. Fauna d'Italia Vol. 1. Eidzioni Calderini, Bologna, 298 p.

CORBET, P. S. (1962): A biology of Dragonflies. Reprint, E. W. Classey Ltd., Faringdon 1983, 247 p.

DONATH, H. (1984): Situation und Schutz der Libellenfauna in der Deutschen Demokratischen Republik. Entmol. Nachr. Ber. 28, 151–158.

DONATH, H. (1985): Zum Vorkommen der Flußjungfern (Odonata, Gomphidae) am Mittellauf der Spree. Ent. Nachr. Ber. 29, 155–160.

DONATH, H. (1989): Verbreitung und Ökologie der Zweigesteiften Quelljungfer, Cordulegaster boltoni (Donovan, 1807), in der DDR. Faun. Abh. Staatl. Mus. Tierk. Dresden 16, 97-106.

DREYER, W. (1978): Etho-ökologische Untersuchungen an Lestes viridis (VAN DER LINDEN) (Zygoptera: Lestidae). Odonatologica 7 (4), 309–322.

DREYER, W. (1986): Die Libellen, Gerstenberg Verlag, Hildesheim, 219 p.

FISCHER, C. (1984): Libellen Schleswig-Holsteins. Mitt. Zool. Mus. Kiel, Suppl. 2, 1–44.

FISCHER, H. (1985): Die Tierwelt Schwabens, 24. Teil: Die Libellen. 40. Ber. Naturf. Ges. Augsburg, 1–46.

FRANKE, U. (1979): Bildbestimmungsschlüssel mitteleuropäischer Libellen-Larven (Insecta: Odonata). Stuttgarter Beitr. Naturk. Ser. A, Nr. 333, 1–7.

GEIJSKES D. C., u. J. VAN TOL (1983): De libellen van Nederland. Koninklijke Nederlandse Natuurhistorische Vereniging. Hoogwoud (N. H.), 368 p.

GERKEN, B. (1984): Die Sammlung von Libellen-Exuvien – Hinweise zur Methodik der Sammlung und zum Schlüpfort der Libellen. Libellula 3 (3/4), 59–72.

HARZ, K. (1978): Coenagrion freyi BILEK ist eine gute Art (Odonata, Zygoptera, Coenagrionidae). Vorläufige Mitteilung. Articulata 1 (8), 61–64.

HEIDEMANN, H. (1974): Ein neuer europäischer Fund von Coenagrion hylas (Trybom) (Zygoptera: Coenagrionidae). Odonatoligica 3, 181–185.

HEIDEMANN, H. (1988): Die Gomphus-Arten Deutschlands und Frankreichs. Bestimmungsschlüssel der Larven und Felddiagnose der Imagines (Anisoptera: Gomphidae). Libellula 7, 89–101.

HEIDEMANN, H. (1988): Brauchen wir einen neuen Namen für Gomphus flavipes Charpentier, 1825? Libellula 7, 27–40.

HEIDEMANN, H. (1989): Der Begriff Stylurus. Bemerkungen zu seiner Begründung (Anisoptera: Gomphidae). Libellula 8, 115–144.

HEIDEMANN, H., u. R. KULL (1986): Untersuchungen zur Libellenfauna und Gewässergüte an ausgewählten Fließgewässern in Rheinland-Pfalz und Baden-Württemberg. Libellula 5 (1/2), 48–62.
HEYMER, A. (1968): Über ein Vorkommen von Platycnemis latipes RAMBUR, 1842, im Oberelsaß (Odonata: Zygoptera). Beitr. naturk. Forsch. SW-Deutschl. 27 (1), 35–36.
HEYMER, A. (1973): Verhaltensstudien an Prachtlibellen. Z. Tierpsychol., Beih. 11, 1–100.
HEYMER, A., u. H. PLATTNER (1969): Beschreibung der bisher unbekannten Larve von Agrion ornatum aus Rumänien (Odon. Zygoptera: Agrionidae). Ann. Soc. Ent. Fr. (N. S.) 5, 891–908.
JURZITZA, G. (1988): Welche Libelle ist das? Franckh-Kosmos Verlag, Stuttgart, 193 p.
KAISER, H. (1974 a): Die Regelung der Individuendichte bei Libellenmännchen (Aeshna cyanea, Odonata). Eine Analyse mit systemtheoretischem Ansatz. Oecologia 14, 53–79.
KAISER, H. (1974 b): Intraspezifische Aggression und räumliche Verteilung bei der Libelle Onychogomphus forcipatus (Odonata). Oecologia 15, 223–234.
KIAUTA, B., u. M. KIAUTA (1991): Biogeographic considerations on Coenagrion hylas freyi (Bilek, 1954), based mainly on the karyotypic features of a population from North Tyrol, Austria (Zygoptera: Coenagrionidae). Odonatologica 20, 417–431.
KIKILLUS, R., u. M. WEITZEL (1981): Grundlagen zur Ökologie und Faunistik der Libellen des Rheinlandes. Pollichia-Buch Nr. 2, Bad Dürkheim, 245 p.
KNAPP, E., A. KREBS, u. H. WILDERMUTH (1983): Libellen. Neujahrsbl. Naturf. Ges. Schaffhausen Nr. 35, 1–90.
KRIEGER, F., u. E. KRIEGER-LOIBL (1958): Beiträge zum Verhalten von Ischnura elegans und Ischnura pumilio (Odonata). Z. Tierpsychol. 15, 82–93.
KUHN, K., u. H. FISCHER (1986): Verbreitungsatlas der Libellen Schwabens. 41. Ber. Naturf. Ges. Augsburg, 1–80.
LEHMANN, G. (1985): Beitrag zur Kenntnis von Aeshna coerulea STRÖM 1783 und A. subarctica WALK. 1908 in Nordtirol (Austria). Libellula 4 (3/4), 117–137.
LÖDL, M. (1976): Die Libellenfauna Österreichs. Linzer biol. Beitr. 8/1, 135–159.
LOHMANN, H. (1980): Faunenliste der Libellen (Odonata) der Bundesrepubl. Deutschland und Westberlins. Soc. Int. odonatol. rapid Comm. 1, 1–34.
LOIBL, E. (1958): Zur Ethologie und Biologie der deutschen Lestiden (Odonata). Z. Tierpsychol. 15, 54–81.
MAIBACH, A., u. C. MEIER (1987): Verbreitungsatlas der Libellen der Schweiz (Odonata) (mit roter Liste). Documenta Faunistica Helvetiae Bd. 4. Schweizerischer Bund für Naturschutz. Neuchâtel.

MAY, E. (1933): Libellen oder Wasserjungfern (Odonata). In: DAHL, F. (Hrsg.): Die Tierwelt Deutschlands und der angrenzenden Meeresteile. 27. Teil. Verlag Gustav Fischer, Jena, 124 p.
MEIER, C. (1989): Die Libellen der Kantone Zürich und Schaffhausen. Neujahrsblatt der Naturforschenden Gesellschaft Schaffhausen Nr. 41, 124 p.
MICHIELS, N., A. ANSELIN, P. GOFFART, u. M. VAN MIERLO (1986): Voorlopige Verspreidingsatlas van de Libellen (Odonata) van België en het Groothertogdom Luxemburg. Gompus 3, Nr. 2, 1–36.
MLODY, B. (1986): Vorkommen und Wetterabhängigkeit von Libellen auf der Wattenmeer-Insel Scharhörn mit einem Fund von Sympetrum meridionale (SELYS 1841). Libellula 5 (1/2), 1–47.
MÜNCHBERG, P. (1931): Zur Biologie der Odonatengenera Brachytron Evans und Aeshna Fbr. Z. Morph. Ökol. Tiere 20, 172–232.
NIEHUIS, M. (1984): Verbreitung und Vorkommen der Libellen (Insecta: Odonata) im Regierungsbezirk Rheinhessen-Pfalz und im Nahetal. Natursch. Ornithol. Rheinl.-Pfalz 3 (1), 1–203.
PETERS, G. (1987): Die Edellibellen Europas. Die Neue Brehm-Bücherei Bd. 585. A. Ziemsen Verlag, Wittenberg, 140 p.
PRENN, F. (1928): Aus der Nordtiroler Libellenfauna. II. Zur Biologie von Sympycna (Sympecma) paedisca Brau. Verh. Zool.-Bot. Ges. Wien 78, 19–28.
ROBERT, P.-A. (1959): Die Libellen (Odonaten). Verlag Kümmerly & Frey, Bern, 404 p.
SANDHALL, Å. (1987): Trollsländor i. Europa. Interpublishing, Stockholm, 251 p.
SCHIEMENZ, H. (1953): Die Libellen unserer Heimat. Urania-Verlag, Jena, 154 p.
SCHIEMENZ, H. (1984): Odonata – Libellen. In: STRESEMANN, E.: Exkursionsfauna für die Gebiete der DDR und der BRD 2/1, 6. Aufl., 64–78. Verlag Volk und Wissen, Berlin.
SCHMIDT, Eb. (1982): 6. Ord. Odonata, Libellen. In: BROHMER, P.: Fauna von Deutschland, 15. Aufl., 185–189. Verlag Quelle & Meyer, Heidelberg.
SCHMIDT, Eb. (1985 a): Suchstrategien für unauffällige Libellenarten I: Coenagrion lunulatum (CHARP, 1840), Mond-Azurjungfer. Libellula 4 (1/2), 32–48.
SCHMIDT, Eb. (1985 b): Diagnosehilfen für Sympetrum fonscolombei SELYS 1840 nach Belegfotos. Libellula 4 (1/2), 86–91.
SCHMIDT, Eb. (1987): Generic reclassification of some westpalaeaectic Odonata taxa in view of their nearctic affinities (Anisoptera: Gomphidae, Libellulidae). Adv. Odonatol. 3: 135–145.
SCHMIDT, Er. (1929): Libellen, Odonata. In: BROHMER, P.: Die Tierwelt Mitteleuropas IV, Leipzig.
SCHMIDT, Er. (1936 a): Die mitteleuropäischen Aeshna-Larven nach ihren letzten Häuten. Deutsch. Ent. Z. 1936, 53–73.

SCHMIDT, Er. (1936 b): Die westpaläarktischen Gomphiden-Larven nach ihren letzten Häuten (Ins. Odon.). Senckenbergiana 18, 270–282,

SCHMIDT, Er. (1936 c): Die europäischen Leucorrhinia-Larven, analytisch betrachtet (Ordnung Odonata). Z. wiss. Zool., Abt. B.: Arch. Naturgesch., N. F. 5, 287–295.

STERNBERG, K. (1983): Kurzer Bericht zur Situation der Libellen in Mooren des Südschwarzwaldes. Libellula 2 (1/2), 71–76.

STOBBE, H. (1979): DJN Libellenschlüssel. Deutscher Jugendbund f. Naturbeobachtung, Hamburg, 35 p.

THEISCHINGER, G. (1979): Cordulegaster heros sp. nov. und Cordulegaster pelionensis ssp. nov., zwei neue Taxa des Cordulegaster boltoni (DONOVAN)-Komplexes aus Europa (Anisoptera: Cordulegasteridae). Odonatologica 8 (1), 23–28.

TOL, J. VAN, u. M. J. VERDONK (1988): The protection of dragonfiles (Odonata) and their biotopes. Council of Europe, Nature and environment series No. 38, Strasbourg, 181 p.

TÜMPEL, R. (1908): Die Geradflügler Mitteleuropas, 2. Aufl. Verlag F. E. Perthes, Gotha, 324 p.

WAAGE, J. K. (1979): Dual Function of the Damselfly Penis: Sperm Removal and Transfer. Science 203, 916–918.

WILDERMUTH, H. (1981): Libellen, Kleinodien unserer Gewässer. Schweizer Natursch., Sondernummer I/1981, 1–26.

WILDERMUTH, H. (1986 a): Zur Habitatwahl und zur Verbreitung von Somatochlora arctica (Zetterstedt) in der Schweiz (Anisoptera: Corduliidae). Odonatologica 15, 185–202.

WILDERMUTH, H. (1986 b): Zur Verbreitung und Ökologie von Orthetrum albistylum SELYS 1848 in der Schweiz (Odonata, Libellulidae). Mitt. Entomol. Ges. Basel n. F. 36 (1), 1–12.

WILDERMUTH, H. (1986 c): Die Auswirkungen naturschutzorientierter Pflegemaßnahmen auf die gefährdeten Libellen eines anthropogenen Moorkomplexes. Natur und Landschaft 61 (2), 51–55.

WILDERMUTH, H., u. A. KREBS (1983): Sekundäre Kleingewässer als Libellenbiotope, Vjschr. Naturf. Ges. Zürich 128, 21–42.

WILDERMUTH, H., u. H. SCHIESS (1983): Die Bedeutung praktischer Naturschutzmaßnahmen für die Erhaltung der Libellenfauna in Mitteleuropa. Odonatologica 12, 345–366.

ZIEBELL, S., u. T. BENKEN (1982): Zur Libellenfauna in West-Niedersachsen. Drosera '82 (2), 135–150.

Register